飞机结构强度设计与验证

——设计师/工程师指南

AIRCRAFT STRUCTURAL DESIGN, ANALYSIS AND VERIFICATION

——GUIDELINES FOR DESIGNER/ENGINEER

张立新　编著

科学出版社

北京

内 容 简 介

本书主要介绍有关飞机结构强度设计、耐久性和损伤容限设计与验证的一些重要内容，总结了源于经典教科书/专著、成都飞机设计研究所设计实践以及欧美、俄罗斯等飞机设计实践的知识，这些是设计师/工程师应该具备的重要知识，其中一些也是容易忽视和错误应用的知识。书中还叙述了近年来飞机结构强度国际会议、出版物的一些相关试验研究结果。另外，书中关于飞机结构强度详细设计的建议与注意事项以及耐久性和损伤容限良好设计的建议则是作者多年来工程设计实践的经验总结。

本书可供从事飞机结构强度、耐久性和损伤容限设计与研究的相关人员阅读，也可作为大学相关专业的教学与科研参考书。

图书在版编目(CIP)数据

飞机结构强度设计与验证：设计师/工程师指南 / 张立新编著. —北京：科学出版社，2022.10

ISBN 978-7-03-073250-7

Ⅰ. ①飞…　Ⅱ. ①张…　Ⅲ. ①飞机—强度—设计—指南　Ⅳ. ①V22-62

中国版本图书馆 CIP 数据核字(2022)第 177360 号

责任编辑：许　健 / 责任校对：谭宏宇
责任印制：黄晓鸣 / 封面设计：张其然　殷　靓

科学出版社 出版
北京东黄城根北街 16 号
邮政编码：100717
http：//www.sciencep.com

南京展望文化发展有限公司排版
广东虎彩云印刷有限公司印刷
科学出版社发行　各地新华书店经销

*

2022 年 10 月第 一 版　开本：B5(720×1000)
2024 年 11 月第四次印刷　印张：9
字数：106 000

定价：90.00 元

序

写本飞机结构工程书很容易,但要写出一本“有用”的书并非易事。作者已在前言中说明,是把自己过去实际经历的工作设计经验及教训进行总结,并大量收集各方面的资料,然后归纳成这本精选册子,献给那些飞机结构工程人员做参考,避免发生不良设计而引发的问题。

铝金属材料的飞机结构,需要把各种大小不同的构件铆接装配在一起,构成一架整体的飞机。如何在飞行安全之下,设计出轻结构而又合乎经济价值(造价及维修费用低)的飞机,它包含了工程人员的心血。这是一本关于金属结构飞机的册子,作者在此册中,特别提出耐久性和损伤容限设计要求,并列出了设计方法及建议。例如,对接头(或称连接,joint)种类的适当选择,加强板及连接板设计与紧固件选择及配合,都有很好的建议;干涉配合固然有良好的耐久性,也必须考虑其费用高,只能用在少数关键的耐久性设计处,如机翼根部与机身接头(wing root joint)等。记住,绝大部分疲劳裂纹都出现在铆钉处,千万不可以掉以轻心。作者在该册中有大量的介绍及建议,是该册的特色。其中的对耐久性及损伤容限的设计检查清单，也是很值得考虑的。

作者也提到有关全机的静力及疲劳试验，去获得适航证的要求（包括商用及军用），来证明飞机在使用寿命年限内是安全的。尤其是商用全机疲劳试验，在整个飞机设计过程中，是相当费时及费用大的工作。作者在册中都有非常好的介绍及建议，在其他飞机结构书中很难看到。

在此册中有相当多值得借鉴的建议，希望读者能感谢作者在这本册子中提供的相当多的飞机结构的设计数据及建议、过去在设计方面的经验教训以及如何达到各种结构设计要求，这都是难能可贵的知识。

本人谨在此感谢能有此机会为该精选册子作序。

Prof. Michael C. Y. Niu（牛春匀 教授）

2022 年 3 月 7 日于美国洛杉矶

前　言

这是一本主要写给飞机结构强度设计师/工程师的书，是作者在中国航空工业集团公司成都飞机设计研究所学习、工作期间（1987 年至今）的读书笔记、设计实践中的经验教训、专业研讨会资料及培训讲义的总结。本书中的“结构强度设计师/工程师”，意为工程设计的专业人员，包括按专业划分的结构设计人员和强度设计人员。

做成（设计、制造）飞机机体不难，难的是做成皮实、安全、耐久、损伤容限的飞机机体。实现机体结构轻重量、长寿命、多功能以及高承载的目标，是飞机结构强度设计师/工程师最重要的使命。

技术方面，重量约束是飞机结构强度设计师/工程师必须面对、必须纳入设计的基本要素。周期方面，由于没有足够的研发时间，飞机结构强度设计师/工程师难以做比较充分的设计/分析迭代，该现象及趋势并非中国设计师/工程师所独自面对的，欧美一些国家的设计师/工程师也如此。没有足够的设计/分析迭代时间，是飞机结构强度设计师/工程师最大的痛苦，但这不应是不良设计(poor design)的借口。

美国波音(Boeing)公司的经验(1980年)表明,机体结构的疲劳问题,45%归于不良设计。

作者希望本书可以帮助飞机结构强度设计师/工程师,减少一点没有足够设计/分析迭代时间带来的影响以及减少一些不良设计。

作者按以下原则选择本书的内容:源于经典教科书及专著的飞机结构强度设计师/工程师应具备的重要知识、容易忽视的知识、容易不正确地应用的知识(本书中很多条目的背后都有故事和教训);成都飞机设计研究所的设计实践;欧美、俄罗斯飞机结构强度的设计实践;近年来飞机结构强度国际会议、出版物中的试验研究结果等。这些内容是分散、独立的,本书是上述内容的"合订本"。本书最后是作者关于耐久性和损伤容限良好设计的建议。

纳入本书的飞机结构强度设计知识、指南、说明和建议等,是作者筛选过的经典的、比较成熟可靠的知识点以及近年来的一些试验研究结果。设计师/工程师应用这些知识点时,可以视具体情况补充最小量的分析或/和试验验证。

本书基本不涉及飞机复合材料结构强度设计。

感谢总设计师宋文骢院士、总设计师杨伟院士对作者的指导和帮助,书中一些对设计师/工程师的建议,源自宋总、杨总对大家的指导和要求。杨总看完初稿后鼓励作者:"思路、架构很好。花点时间把它搞出来、搞好,很值得。"

感谢成都飞机设计研究所强度部、结构部的同事以及行业同行对作者的帮助、对本书内容的贡献,一些内容即是源于大家的热烈讨论和共同的工程设计实践(详见成都飞机设计研究所的《结构强度研讨会资料》)。感谢成都飞机设计研究所信息档案部在资料查询、翻译、制图方面给予的帮助。

感谢成都飞机设计研究所的钟顺录、潘建东、董江、吕剑、张志贤同志,他们阅读了本书的全文,提出了很好的修改建议。

感谢〔美〕牛春匀教授(Prof. Michael C.Y. Niu)的指导、指正和鼓励,感谢牛教授为本书作序。著名的"绿皮书"(牛教授三部专著之一)——*Airframe Structural Design*(中文版为:《实用飞机结构工程设计》),对飞机结构设计行业的影响很大,是飞机结构设计必备的工具书和参考书,也是很受高等院校航空专业师生欢迎的教材和参考书。作者参加过牛教授授课的短训课程学习,牛教授的书是方便读者阅读、使用的,这给作者留下深刻印象,也影响了作者的写作。

感谢家人一如既往地对作者在工作上的支持和生活上的关照。

在编著过程中,参考了大量中英文文献资料,已尽可能地在参考文献中列出,并在引用时注明。在此对所有原作者表示诚挚的感谢。

写作过程也是作者学习和反思的过程。敬请读者指出书中的不足和错误之处以及技术发展后需要更新的内容。

张立新

2022 年 3 月于成都

名词术语中英文对照

安全寿命：safe-life

安全系数：factor of safety

边距：edge distance

并排：double-row，或 tandem

不确定系数：factor of uncertainty

单次飞行损毁概率：SFPOF（single flight probability of failure）

倒角：chamfer

倒圆：fillet

垫片：shim

钉传载荷或钉载：pin load

端头效应：end-row effect，或 peaking effect

对接：butt splice

飞机结构完整性大纲：ASIP（Aircraft Structural Integrity Program）

飞行安全结构：safety-of-flight structure

干涉配合：interference fit

关键件：critical part

广布疲劳损伤：WFD(widespread fatigue damage)

航空疲劳与结构完整性国际委员会：ICAF(International Committee on Aeronautical Fatigue and Structural Integrity)

缓慢裂纹扩展：slow damage growth

激光冲击或激光喷丸：LSP(laser shock peen)

极限载荷：ultimate load

加强板：doubler

交错：staggered-row

经济寿命：economic life,或 economic service life

开缝衬套冷挤压：split sleeve cold working

冷挤压：cold working

连接或连接板：splice,或 splice plate

裂纹扩展：crack growth

裂纹起始：crack initiation

耐久性：durability

旁路载荷：by-pass load

喷丸：shot peening

疲劳：fatigue

破损安全：fail-safe

去毛刺：deburr

设计使用寿命：design service life

剩余强度：residual strength

损伤容限：damage tolerance

微动磨蚀：fretting

无损检测：NDT（nondestructive testing），或 NDI（nondestructive inspection）

限制载荷：limit load

止裂孔：stop-drilling，或 stop-drilling hole，或 stop hole

主结构：primary structure

主结构元件：PSE（principal structural element）

目　录

图 目 录

表 目 录

1

飞机结构强度设计思想的演变

很多教科书、文献中都有关于飞机结构强度设计思想演变的论述，如《飞机结构设计》(姚卫星等，2016)和《实用飞机结构工程设计》(牛春匀，2008)等。

本章从教科书中的一般叙述、运输类飞机、战斗机三个方面简要叙述飞机结构强度设计思想的演变。

一般认为的飞机结构强度设计思想的演变详见姚卫星等的《飞机结构设计》一书，概述如下：

1) 静强度设计；

2) 静强度和刚度设计(20 世纪 50 年代起)；

3) 静强度、刚度和安全寿命设计(20 世纪 50 年代起)；

4) 静强度、刚度和损伤容限与经济寿命设计(20 世纪七八十年代起)；

5) 可靠性设计。

运输类飞机，飞机结构强度设计思想的演变参见《实用飞机结构工程设计》(牛春匀，2008)，概述如下：

1）1930~1940 年，金属机体飞机进入公共运输；设计、分析重点在静强度；没有考虑或很少考虑机体疲劳。

2）1940~1955 年，对机体疲劳的关注度提升；已开始研发高强度材料，但未相应提高疲劳强度；设计同时考虑静强度与疲劳强度。

3）1955 年至今，破损-安全与损伤容限设计；含损伤结构的试验、分析、检查、维修。

战斗机，美国空军结构完整性设计要求演变如下［详见 *A Survey of Aircraft Structural-Life Management Programs in the U.S. Navy, the Canadian Forces and the U.S. Air Force*（Kim et al.，2006）］：

1）1958 年，疲劳裂纹导致 B－47 损毁，建立飞机结构完整性大纲。

2）1969 年，疲劳裂纹导致 F－111 损毁，推动损伤容限设计。

3）1975 年，MIL－STD－1530A《飞机结构完整性大纲》，损伤容限设计并入结构完整性要求。

4）1996 年，MIL－HDBK－1530《美国空军飞机结构完整性大纲通用要求》，结构完整性要求改为指南。

5）2002 年，MIL－HDBK－1530B，增加腐蚀和广布疲劳损伤指南。

6）2004 年，MIL－STD－1530B，结构完整性指南（HDBK）改回到标准（STD）。

7）2005 年，MIL－STD－1530C，增加风险分析。

8）2016 年，MIL－STD－1530D，增加部队管理数据库、结构健康管理等。

2

关于不确定系数(安全系数)的讨论

飞机结构强度规范的术语“不确定系数”,在早期称为“安全系数”。

多年来,时有关于飞机结构强度设计安全系数定义及取值溯源的文章以及安全系数可否降低的讨论。本章简要论述这两方面的内容。

本章讨论的安全系数是针对有人机的。

2.1 安全系数定义及取值溯源

安全系数是通过“极限载荷=限制载荷×安全系数”间接定义的。限制载荷是指飞机在允许的地面和飞行使用中可能遭遇的最大和最严重的载荷组合。

安全系数取值 1.5 用于飞机结构强度设计已经超过 80 年,详见 *Factors of Safety — Historical Development, State of the Art and Future Outlook* (North Atlantic Treaty Organization, 1977)。1934

年,安全系数1.5成为正式的设计要求(Air Corps Requirement)。

强度设计与验证准则,最基本的两条是,结构在加载条件下的试验应满足:

1)在小于或等于限制载荷时,结构不发生有害的变形;

2)在小于或等于极限载荷时,结构不发生断裂或破坏。

上述准则的第二条,是地面验证试验通过与否最直接的判据。

关于安全系数取值1.5的溯源,一些文章以及教科书都有提及。比较“巧”、也比较多的一个说法是:当时应用于飞机结构的2024铝合金材料的拉伸强度与屈服强度的比值约为1.5。也就是说,对于当时的2024铝合金材料/结构,满足上述强度设计准则的第二条(在小于或等于极限载荷时,结构不发生断裂或破坏),也就自然满足强度设计准则的第一条(在小于或等于限制载荷时,结构不发生有害的变形)。

上述准则第一条,近年来新的规范要求已变为在115%限制载荷下,结构不发生有害的变形。可以从两方面理解这个变化:一方面是要求提高了,从100%限制载荷提高到115%限制载荷;另一方面,现在机体结构主要材料(金属、复合材料)的屈服强度增加了,拉伸强度与屈服强度的比值小于1.5,结构强度设计与验证在满足准则第二条的情况下,也更有能力满足准则第一条。详见《重量变化的强度应对考虑》(蒋劲松,2021)。

关于安全系数取值1.5的溯源,另外的说法与观点如下:

历史的服役经验表明,如果限制载荷乘以一个安全系数1.5,就能获得一个可接受的因结构破坏导致飞机损毁的风险水平,详见文献 *Aircraft Structures — Joint Service Specification Guide*(USAF,1998)。

20 世纪 30 年代早期,安全系数 1.5 引入飞机结构设计。在这之前,通常是按承受 6 *g* 过载不破坏的要求来设计飞机结构,这样设计的飞机没有发现普遍的永久变形或结构破坏;因此认为这种按过载要求的设计一定包括了内在的安全系数。1.5 的选择,虽然有些随意,但某种程度上是按照当时应用的铝合金的极限强度与屈服强度的比值定的。虽然本可以取更高一些的安全系数,但这样的话就得不到尽可能高的限制载荷,也会对将来飞机设计带来不适当的重量付出。详见 *Fundamentals of Aircraft and Airship Design*(Nicolai et al.,2010)中 F. R. Shanley 教授的观点。

安全系数 1.5 不是材料极限强度与屈服强度的比值结果,但当时 2024 铝合金材料极限强度与屈服强度的比值(约 1.5)支持了飞机在飞行强度包线(V - G 图)内使用不应产生明显塑性变形的设计要求。详见 AGARD Report 661 中 A. Epstein 的观点。

安全系数(1.5)的确定主要基于经验,是对飞行使用的权衡,即在考虑了载荷的不确定(载荷预计、结构分析)以及强度的不确定(材料性能及其退化、制造质量)等之后,可以获得大一些的限制载荷(与安全系数 2.0 比较)。

综上,对安全系数可以有如下的认识:

1) 安全系数的确定主要是基于经验(安全有保障)和权衡(限制载荷尽量大,结构重量付出适度),考虑了载荷的不确定(载荷预计、结构分析)与强度的不确定(材料性能及其退化、制造质量)。

2)安全系数与损毁概率无数学关联,也不是通过试验、数学力学推导出来的。

军机结构损毁概率不大于 10^{-7}/单次飞行的要求,源于美国空军 J. W. Lincoln 在 1980 年的建议,已被 MIL-STD-1530C 采用,详见文献 *Aircraft Structural Reliability and Risk Analysis Handbook*(Tuegel et al.,2013)。安全系数和损毁概率,在数学上无关联;很多文章认为(也有算例支持),采用安全系数 1.5 的飞机结构,损毁概率非常低,(远)低于 10^{-7}/单次飞行。

2.2 安全系数 1.5 可否降低

安全系数 1.5 可否降低? 20 世纪 70 年代以来,一直有讨论、有争论,详见文献 *Factors of Safety — Historical Development, State of the Art and Future Outlook*(North Atlantic Treaty Organization, 1977)。北大西洋公约组织(North Atlantic Treaty Organization, NATO)组织过讨论,但没有明确的、行业或规范/标准认可的结论。

其主流的意见是: 随着设计、材料、制造、飞行控制技术的发展,安全系数可以降低,且不降低安全性。

推荐三种方法用于确定军用飞机按概率定义的设计载荷:半统计(概率)/半确定性方法;统计(概率)方法;半统计(概率)/半经验方法。

EF－2000 战斗机结构强度设计安全系数降为 1.4 的做法：为减重，决定这些区域(其载荷以某种方式由飞控系统控制)的结构，安全系数可以放宽到 1.4，详见 G. J. Watson (1996)的报告 *Eurofighter 2000 Structural Design Criteria and Design Loading Assumptions*。其主要理由是：载荷由飞行控制系统控制，复合材料用量大。复合材料在接近破坏前通常表现为线性特性，因此不用太担心结构破坏前过早产生有害变形，降低限制载荷与极限载荷之间的余量是安全的。

有比较多的积极因素和理由，支持特定结构区域的安全系数降为 1.4。这些因素和理由如下：

1) 很多算例表明，采用安全系数 1.5 的飞机结构，因结构失效造成的损毁概率非常低，(远)低于 10^{-7}/单次飞行。

2) 现代主干金属材料及复合材料，拉伸强度与屈服强度的比值小于 1.5(即屈服强度提升了)。

3) 材料供应商和飞机制造厂质保体系不断完善，材料质量、制造质量提升。

4) 成都飞机设计研究所以及其他飞机公司[详见文献 *Ultimate Load Factor Reduction*(Grooteman et al.,2019)]多型飞机的载荷实测结果表明，正常使用情况下很难达到机翼根部弯矩限制载荷(即使重心过载达到甚至超过飞机最大限制过载)；在重心过载不超飞机最大限制过载情况下，试飞员刻意地飞行(比如低空、较小迎角)可以接近或达到机翼根部弯矩限制载荷。

5) 结构分析方法精度提升。

综上所述，作者的建议是：出于结构减重考虑，且不降低结构安全性，有人机结构强度安全系数，对于多数的飞行载荷，尤其是由飞行控制系统控制的那些载荷，安全系数可以考虑降为 1.4；全机静力试验时，可选取其中一个典型工况加载到 150%限制载荷。

3

疲劳设计基本术语及相互关系

本章叙述飞机结构强度设计、疲劳设计的基本术语并论述一些术语之间的关系。

3.1 疲劳、耐久性、损伤容限、结构完整性

作为专业术语的疲劳、耐久性、损伤容限、结构完整性等的完整定义详见《军用飞机结构强度规范》《军用飞机结构完整性大纲》和 MIL - STD - 1530D 等文献。

对金属结构疲劳现象的关注和研究，最早是在机车行业，时间上早于 1903 年 12 月莱特兄弟飞机的首飞。早在 19 世纪 40 年代，德国机车工程师就发现和关注到了机车金属轴的疲劳，1843 年德国 Joseph Glynn 绘制的轴的疲劳断裂见图 1。随后，工业和学术领域都开展了对金属疲劳问题的研究。

疲劳现象是指金属结构在重复载荷或交变载荷（载荷最大值小于材料拉伸强度，甚至小于屈服强度）作用下的开裂（裂纹

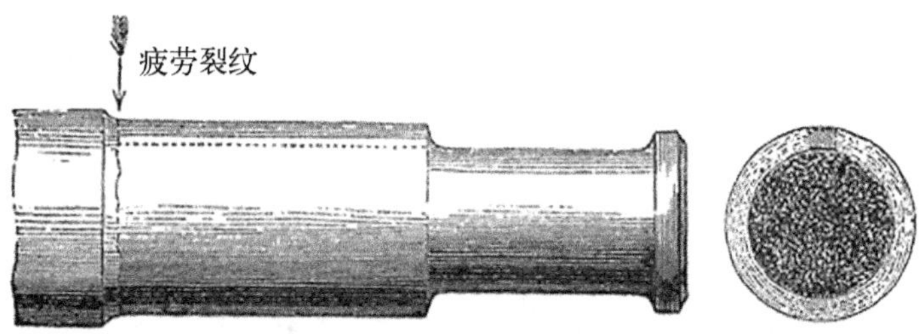

图 1　机车轴的疲劳断裂

形成并扩展)。

交变载荷有关的几个术语:峰值、谷值、均值、幅值、变程、载荷比或应力比、循环数,见图 2。

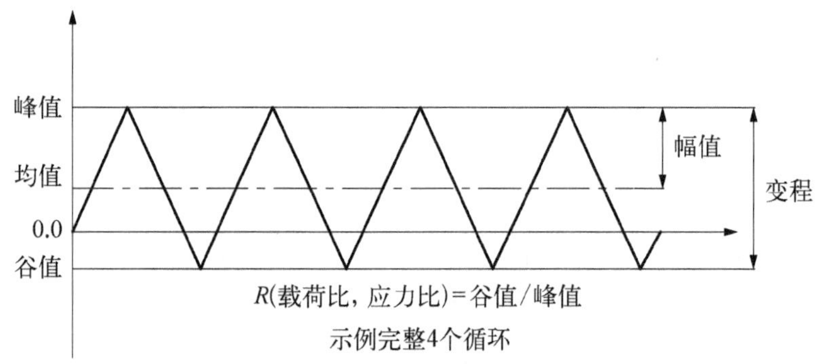

图 2　交变载荷示意及术语

载荷谱由交变载荷组成。载荷谱分为恒幅谱(等幅谱)、随机谱以及由不同恒幅谱组成的程序块谱。

耐久性是指飞机结构在规定的期限内,抵抗开裂(包括应力腐蚀开裂和氢脆引起的开裂)、腐蚀、热退化、分层、磨损和外来物损伤的能力。

损伤容限是指飞机结构在规定的未修理使用期内,抵抗由于缺陷、裂纹或其他损伤引起破坏的能力。

结构完整性是指机体结构的强度、刚度、耐久性、损伤容限等结构特性的总称。

以下几个名词术语（主结构或主结构元件、飞行安全结构、关键件等），在此无意叙述其完整的定义，仅做一些简要解释。

一般性的描述多用主结构；商用运输类飞机多用主结构元件。主结构或主结构元件是指承受飞行、地面和增压载荷的结构或结构元件，其破坏会降低飞机结构完整性。详见 FAA AC 23－13A。

飞行安全结构，是指破坏会直接导致飞机损毁，或破坏未被发现而随后会导致飞机损毁的结构。

关键件，分为耐久性关键件（非飞行安全结构）、断裂关键件（飞行安全结构）等，结构完整性大纲要求对关键件实施耐久性和损伤容限控制，详见《军用飞机结构完整性大纲》与 MIL－STD－1530D。

覆盖范围从大到小排序是：主结构、关键件、飞行安全结构。

从强度角度，结构可分为承力结构和非承力结构。承力结构可分为主结构和次结构。主结构可分为断裂关键件（飞行安全结构）、耐久性关键件和正常控制件（一般件）。所有承力结构都要按耐久性要求设计，断裂关键件要按耐久性和损伤容限要求设计，断裂关键件、耐久性关键件还要贯彻耐久性和损伤容限控制计划。

3.2 疲劳、耐久性、损伤容限的关系

三个术语按出现时间早晚的顺序是：疲劳、损伤容限、耐久性。

疲劳指一种现象，也指一种能力（疲劳强度）。疲劳注重裂纹的起始。关于疲劳破坏的定义，学术上、工程上都比较模糊，

主要取决于设计准则，比如通常把出现工程可检裂纹作为疲劳破坏（疲劳寿命或裂纹形成寿命）的判据。疲劳寿命也称为安全寿命，含义是无裂纹寿命。

损伤容限设计关注飞行安全结构，假设结构最初就存在裂纹，结构损伤容限寿命（裂纹扩展寿命）是指在服役载荷下从假设初始裂纹尺寸扩展到临界裂纹尺寸（或规定的裂纹尺寸）所经历的飞行次数、起落次数或飞行小时数。假设的初始裂纹尺寸由设计准则定义，通常是工程可检裂纹（比如，紧固件孔边 1.27 mm 半径的 1/4 圆角裂纹）。临界裂纹尺寸由设计准则要求的剩余强度（含裂纹结构承受静载荷的能力）确定，或取指定的裂纹尺寸；剩余强度与可检度有关。

缓慢裂纹扩展与破损安全，是损伤容限设计的两个概念（类别）。所有飞行安全结构应设计成缓慢裂纹扩展结构或破损安全结构。无止裂特性的单传力路径结构应定为缓慢裂纹扩展结构，多传力路径和有止裂特性的结构应定为破损安全结构。损伤容限设计的初始缺陷假设与这两个设计概念（类别）有关。详见《军用飞机结构强度规范》。

一种通俗但不全面的对损伤容限设计的理解或解读是：结构允许起裂，但不会导致飞机损毁。实现损伤容限设计，这些方面非常重要：材料断裂韧度较高，结构临界裂纹尺寸较长，材料裂纹扩展性能较好（扩展缓慢），可靠的无损检测手段使得裂纹在达到临界尺寸前可以被检测出，检测出裂纹后可修理或更换，或在裂纹形成前可预防性处置。就像一位学者说过的那样，损伤容限推动检测技术的发展，检测对损伤容限很重要。

关于损伤容限原理及要求的图示说明，可见于很多资料。

Chisholm 等(2016)给出了飞机服役期中损伤容限结构的损伤演变、检测和修理要求,见图 3。图 3 中“损伤检测与修理”的“修理”很重要,设计师/工程师一定不要忘了这一点。外场飞机主结构,一旦出现裂纹,修理通常很困难;如果出现较大尺寸裂纹,修理可能极其困难,甚至不可行或不可接受。主结构在服役期内不出现裂纹是设计师/工程师的设计目标。对于全机疲劳试验或/和服役中发现的不满足寿命要求的疲劳关键部位,最好的处置措施是在出现裂纹前的适当时机实施预防性修理,修理后的结构疲劳寿命满足后续服役要求。在裂纹出现前的预防性修理以及在裂纹尺寸较小时的及时修理,都对检测技术有高的要求和期望。

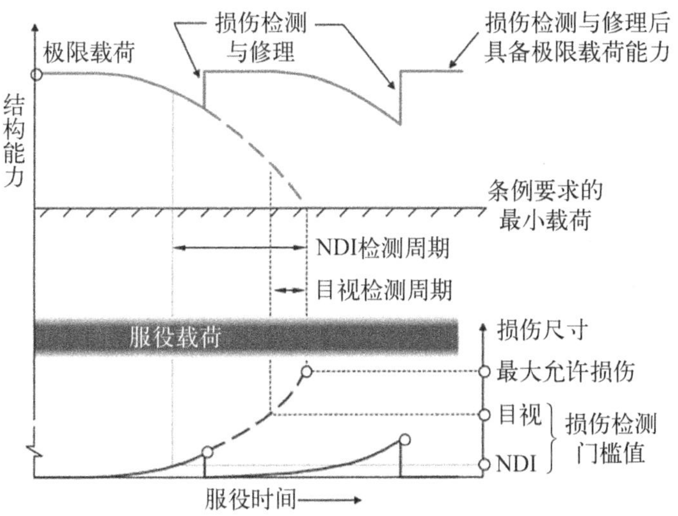

图 3　损伤容限结构的损伤演变、检测和修理

注:摘自 *Forty Years of Structural Durability and Damage Tolerance at Boeing Commercial Airplanes* (Chisholm et al., 2016)

耐久性包括(覆盖)传统的疲劳,关注对象不限于裂纹。耐久性寿命亦称为经济寿命,是指当飞机结构出现广布疲劳损伤

（足够的裂纹尺寸及密集度），修理它们已不经济，如果不修理又会引起功能性问题进而影响飞机完备性，则认为飞机结构达到了耐久性寿命。

文献（尤其英文文献）中，很多情况下疲劳（fatigue）是广义的疲劳，包括疲劳、耐久性与损伤容限。

疲劳、耐久性、损伤容限比较见表 1。

表 1　疲劳、耐久性、损伤容限比较

	疲　劳	耐　久　性	损 伤 容 限
目标	安全使用 安全寿命	经济使用，不影响功能和完备性 经济寿命	安全使用 检查间隔
关注范围	关键件	全部结构	飞行安全结构
裂纹	无裂纹，或工程可检裂纹	较小的裂纹（可经济修理、油箱不渗漏……）	宏观裂纹
载荷谱	可以是程序块谱	飞-续-飞随机谱	飞-续-飞随机谱
分析方法	应力疲劳 应变疲劳	疲劳方法（应力疲劳、应变疲劳） 断裂力学方法（确定性及概率）	断裂力学方法（确定性及概率）
疲劳寿命增益工艺	增益显著	增益显著	增益不及对疲劳、耐久性的显著
剩余强度			剩余强度与可检度有关 临界裂纹尺寸由剩余强度确定，或取指定的裂纹尺寸

注：参照《近代飞机耐久性设计技术》（王正，1989）中的表 1－1

4

关于结构强度发图(详细设计)的建议

本章简要论述作者在成都飞机设计研究所工作期间关于飞机结构强度设计的一些体会以及对设计师/工程师的一些建议。

4.1 发图五问

发图(详细设计)过程中,建议设计师/工程师问自己以下5个问题:

1) 这个线条怎么画;

2) 这个尺寸怎么定;

3) 他山之石什么样;

4) 权衡研究(trade off)怎么做;

5) 这个零件怎么装。

另外,现在的设计师/工程师是用CATIA等3D设计工具做设计。建议设计师/工程师在检查设计合理性、正确性的时候,多做一些类似以前二维图时代的剖视图，可以避免一些在3D模型上不容易发现的不良设计。

4.2 "二次"（多次）发图

新机发图（详细设计）结束后，对进一步的工作作如下说明和建议：

1）新机发图，通常设计分析迭代不够，甚至远不够。

2）发图完距首飞还有相当时间，新型号很少有短于一年的。每位结构、强度设计员都应该及时再审视自己的设计，除了发图时来不及做得更好的，肯定还找得到可以减重的、需要优化改进的甚至还有错误需要改正的。

3）问自己：每一笔、每个数据，都是怎么定的？这也是杨伟总师多次问过成都飞机设计研究所设计师/工程师们的。

4）首件、首架，对自己的设计，要有实物审视及装配过程跟踪、审视，要去看工厂的AO（装配大纲）。这个过程中，可以进一步看看有没有设计问题、工艺问题。若有所发现，应及时改进、改正。

5）试验室、外场，肯定还会陆续出问题，应及时改进、改正。

6）上述2）、4）是可以主动做的，也是"二次"（多次）发图的主要含义。

7）一旦设计重新审视或试验室、外场发现了问题，就会感觉到生产进度（尤其是零件生产）太快了。

8）有些问题，不能仅靠有限元方法来回答，还需要结合结构强度设计师/工程师的工程判断及工程设计经验法则来解决。

9) 有些问题,在地面试验,即使是验证试验,也不能较好地得到验证考核。比如,最近一些教授、专家、工程师们讨论到,传统的试验室声疲劳(混响、行波)试验,很难验证考核进气道结构、武器舱结构的动疲劳(流致振动)问题。

5

新材料、新工艺、新连接应用注意事项

新材料、新工艺、新连接的技术发展在飞机机体技术发展中的占比很大。飞机结构、强度设计师/工程师以什么样的态度参与其中以及应用新材料、新工艺,本章推荐的美国空军两位专家的观点和建议非常值得借鉴。

国际知名的美国空军结构完整性专家 J. W. Lincoln 博士(1987)提出应遵循的五个准则是:

(1) 稳定的材料和/或材料工艺

遵循材料鉴定和验收规范;

遵循工艺规范和验收标准;

遵循制造说明。

(2) 具备可生产性

可扩大(生产规模),具备可检测性。

(3) 具备可表征的力学性能

(4) 结构性能可预测

(5) 具备保障性

可修理,可检测。

美国空军研究实验室（Air Force Research Laboratory, AFRL）材料与制造分部首席工程师 L. Perkins（2014）提出向推广新材料、新工艺的人问九个问题：

1）宇航工业已有的应用情况是什么？

2）他们是如何鉴定的？

3）新材料、新工艺怎样失效？

4）如何知道新材料或新工艺行将失效？

5）是否有可参考的非政府标准或固定的工艺协议？

6）新材料或新工艺不适合哪些应用？

7）为什么现在用的材料或工艺不再用了？

8）新材料或新工艺是怎样做到更好的？

9）哪些机构，比如空军研究实验室、陆军、海军、原设备制造商与新材料或新工艺厂商进行了合作？

新工艺，从研究到生产线应用，欧洲的空中客车公司（Airbus）A318、A380 等飞机激光焊接壁板的应用，是一个成功的例子，详见参考文献 *Laser Beam Welding of Aircraft Fuselage Panels*（Schumacher et al., 2002）和 *Welding and Joining of Aerospace Materials*（Chaturvedi, 2021）。简要介绍如下：

20 世纪 90 年代开始研发激光焊接壁板（纵向长桁与蒙皮，双激光束焊接），动因是提高装配效率、降低成本，其次是减重。

早期研发是 2024 铝合金桁条/蒙皮激光焊接壁板，结果是积极的，但裂纹对焊接较敏感，进而转向 6000 系铝合金桁条/蒙皮激光焊接壁板的研发。

工艺方面的关注主要有：激光束的位置，焊料给进速度，在线检测，变形，自动喷丸，焊后热处理等。

设计方面，为减少对蒙皮的焊接热影响，在长桁的位置，蒙皮厚度有增加（凸台）。

损伤容限试验表明，长桁与蒙皮激光焊接壁板，相对于铆接结构，没有足够的优势，故长桁与蒙皮激光焊接壁板，仅用于主要载荷工况为压载荷的机身下壁板。

6

材料晶粒方向、裂纹方向及标注要求

本章简要叙述飞机结构强度设计最常用到的材料晶粒方向、裂纹方向有关的一些术语以及标注要求。

材料晶粒方向、裂纹方向定义见图 4、图 5。

L、LT 或 T、ST 或 S 分别为长向、长横向（宽度方向）、短横向（高度方向）。

有的设计师/工程师没有标注材料晶粒方向的习惯。对于金属板材机械加工的零件，图纸（广义，包括数模）应标注晶粒方向。除此之外，由于其较低的静强度、延展性和/或抗应力腐蚀性能，图纸应标注短横向（ST）。金属板材机加的重要件、关键件零件，图纸必须标注材料晶粒方向。

裂纹方向，以两个字母（之间有连字符）定义，如 L-T；第一个字母表示载荷的方向，第二个字母表示裂纹扩展的方向。

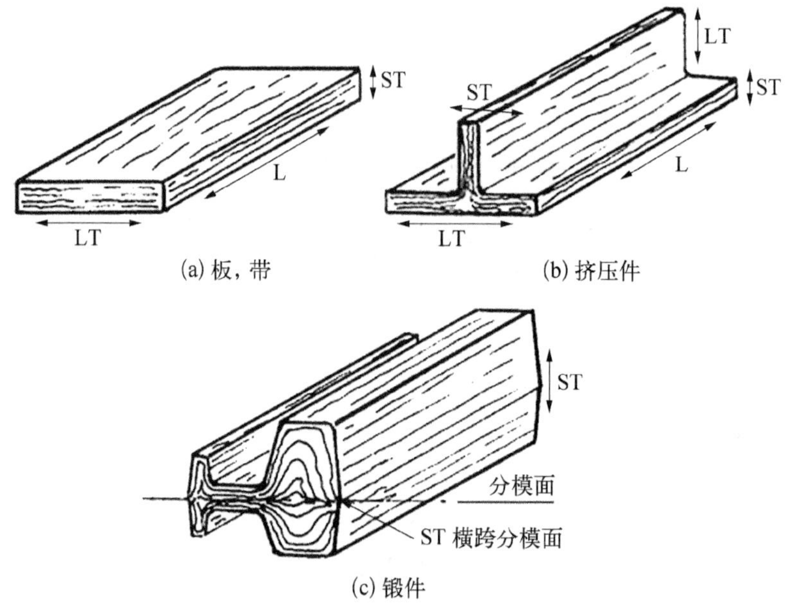

图 4　材料晶粒方向

资料来源：《实用飞机结构工程设计》(牛春匀,2008)

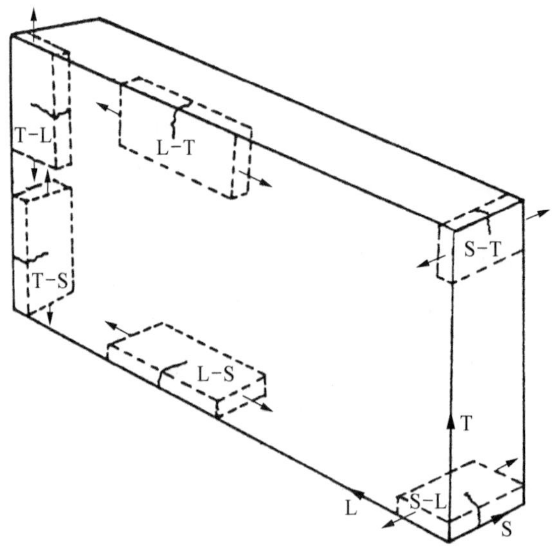

图 5　裂纹方向

7

紧固件孔制备

源自紧固件(螺栓、铆钉)孔边、孔壁的疲劳裂纹,通常是飞机结构疲劳裂纹最大的源头,具体可见美国联邦航空局(Federal Aviation Administration, FAA)发布的 *Lessons Learned from Civil Aviation Accidents* 和 Campbell 等发表的 *A Survey of Serious Aircraft Accidents Involving Fatigue* 等参考文献,紧固件孔是飞机结构强度设计必须重点关注的细节。本章简要论述一些术语、设计要求及其注意事项。

7.1 去毛刺、倒角、倒圆

去毛刺是孔边、锐边的基本要求,是不指定尺寸及形状的最小量的材料去除,钝化锐边。去毛刺形成的倒角深度通常为 0.1~0.2 mm。紧固件孔边去毛刺后,紧固件可正确安装到位。去毛刺不解决紧固件头部圆角半径 R 与孔干涉问题。去毛刺也解决锐边的安全隐患问题。

倒角是指定角度与尺寸的材料去除,避免紧固件头部 R 与孔的干涉,使得紧固件可正确安装到位和避免损伤结构。

倒圆是指定圆角半径的材料去除,避免紧固件头部 R 与孔的干涉。倒圆,在零件表面和孔的交界处,或在沉头窝和孔交界处以及外轮廓锐边,形成渐进的过渡。

零件倒圆比倒角成本高。孔边常用倒角。外轮廓倒圆比倒角美观。重点关注的应力集中的部位,推荐圆角过渡。

凸头螺栓,应在螺栓头端孔边倒角(通常 45°),或在螺栓头下使用沉头窝垫圈(countersunk washer);沉头紧固件孔,应在沉头窝和孔交界处倒角(通常 25°),见图 6。

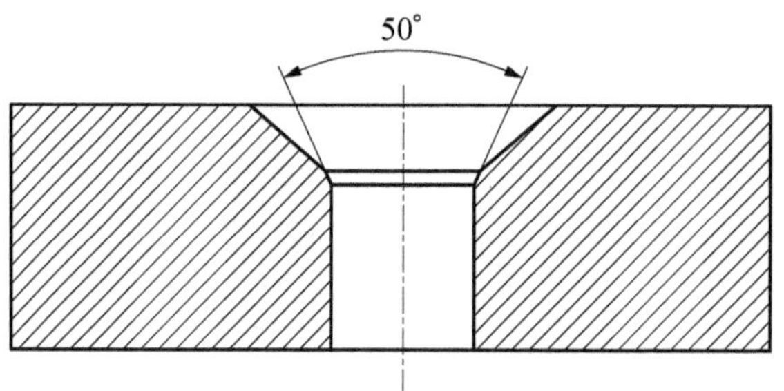

图 6　沉头紧固件孔倒角

各公司的设计规范或工艺规范有倒角、倒圆尺寸的规定。

7.2　一般要求

紧固件与孔的配合情况影响连接的疲劳强度。

多层零件结构制孔时,应被夹紧,应通过加垫等措施保证在孔的部位贴合无间隙。

所有金属件的紧固件孔应去除毛刺，钻孔后不能拆开的夹层以及不可拆的自动钻铆除外（出口孔边也应去毛刺）。不去毛刺的孔在耐久性和损伤容限分析中应考虑降低系数。

铁基、镍基以及钛合金材料的孔边倒角极其重要。对凸头螺栓紧固件孔，孔边必须倒角以避让螺栓头的根部圆角。对沉头紧固件孔，在沉头窝和孔交界处必须有倒角以避开紧固件杆根部的过渡圆角。

采用凸头螺栓连接的薄板，可在螺栓头下安装沉头窝垫圈。

避免在靠近应力集中的部位制孔。

7.3 钻孔

自动化的一步制孔，孔质量与标准的钻孔-扩孔-铰孔工艺的孔质量相当。

其他制孔方法，分析时要考虑系数。

7.4 沉头窝

孔壁（圆柱段）最小长度 0.6 mm。沉头窝深度不应超过板厚的：

1）70%，金属；

2）80%，复合材料；

3）67%，复合材料，螺栓承受高的拉伸或弯曲载荷。

7.5 锪平

尽量避免锪平。如果要锪平，底角应大些，圆角半径首选 $R3$，绝对不能小于 $R1.5$；锪平处通常要求厚度增加 10%以上。

7.6 紧固件孔垂直度

紧固件孔垂直度要求，比较多的设计资料规定的是≤2°（螺栓头一侧）。实践经验表明，人工风钻制孔，即使使用钻套，垂直度≤0.5°的要求也是非常难以达到的。

应力集中与过渡圆角半径

飞机结构的疲劳源，很大部分都在紧固件孔边等应力集中部位。

应力集中不可避免，但必须避免高应力区的应力集中以及复合应力集中。

设计师/工程师都知道大的过渡圆角半径可以降低应力集中，但工程实践中经常见到不够大的过渡圆角半径。原因主要有：技术认知不足、零件之间协调配合的不得已、重量的压力、随手大意的设计等。

过渡圆角半径设计的一般说明和建议：

1）多数情况下，可以设定最小圆角半径 3 mm；小于 3 mm 的圆角半径，应慎重和进行评估。

2）截面厚度 t_2 过渡到截面厚度 t_1，如果 $t_2 \geqslant 2t_1$，过渡圆角半径至少 6 mm。截面应逐渐变化是所有飞机公司（设计所）设计指南的要求。

3）缘条宽度局部增宽部位的圆角过渡，推荐大的圆角半径

（≥6 mm），或以 30～40°的斜线并大的圆角半径（50 mm）过渡。

4）除了合适的过渡圆角半径外，应力水平高的部位，棱边还应适度倒圆。

注意：应力集中程度、需要的圆角半径尺寸，与载荷（应力）方向相关。

9

紧固件排列

紧固件排列设计是飞机结构连接设计的基本元素。作者从一些经典资料中(例如,牛春匀先生的《实用飞机结构应力分析及尺寸设计》、航空工业部科学技术委员会的《应力集中系数手册》、《飞机设计手册》总编委会的《飞机设计手册 第10册:结构设计》、Bruhn 的 *Analysis and Design of Flight Vehicle Structures* 以及 *Tips on Fatigue*、*Riveted Lap Joints in Aircraft Fuselage — Design, Analysis and Properties* 等文献),挖掘出紧固件排列设计基本要求的来源和考虑因素。本章简要论述紧固件排列设计基本要求及其注意事项。

边距、间距、排距要求有关的直径 D,是指孔的名义直径。

紧固件排列有关的几个术语说明如下。

边距(e),不同飞机公司(设计所)的定义是一致的,通常以孔名义直径 D 的倍数(e/D)表述,见图 7。

间距与排距,一些飞机公司(设计所)的约定是,垂直于主要受载方向的紧固件之间的距离为间距,平行于主要受载方向的

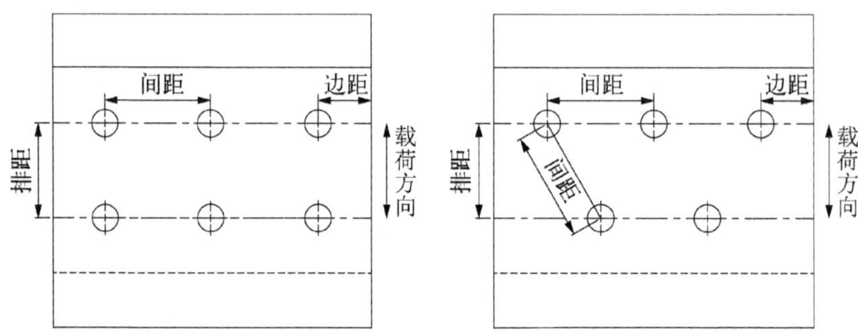

图 7　紧固件间距、排距以及并排(左图)、交错(右图)

紧固件之间的距离为排距;在不特别考虑载荷方向的时候,也统称相邻紧固件之间的距离为间距,见图 7。在英文文献资料中,一般统称为 fastener spacing,或 fastener pitch distances 等。

紧固件间距、排距以及紧固件排列的并排、交错,见图 7。

孔间距主要取决于强度要求和/或密封要求。

紧固件间距,典型的设计准则是最小 $4D$、最大 $6\sim8D$;紧固件排距,典型的设计准则是最小 $3D$,甚至更小。通常简单粗放的设计考虑是,按相邻紧固件之间的距离为 $4D$ 排列紧固件。

图 8 示出了按强度考虑的紧固件之间的最小距离要求;牛春匀先生的《实用飞机结构应力分析及尺寸设计》中有两个计算紧固件最小距离的算例(并排、交错)。

最小间距 $4D$ 的考虑因素(见图 8):

1) 垂直于载荷方向的净截面屈服强度,通常要求净面积不小于 75%毛面积;

2) 排距考虑:沿载荷方向的孔的剪切破坏;

3) 孔与孔应力集中的相互影响;

4) 密封(通常 $4\sim5D$);

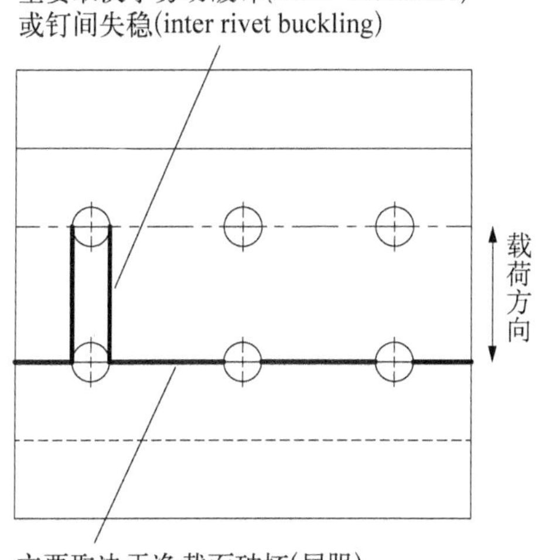

图 8　紧固件间距的强度考虑

5）工程简化。

最大间距 6~8*D* 的考虑因素：

1）钉间失稳；

2）密封（通常 4~5*D*）；

3）工程简化。

设计师/工程师设计选用紧固件并排还是交错排列，应综合考虑以下因素：

1）优先选用并排；

2）并排与交错，疲劳强度、静强度没有明显差异，通常都认为并排的疲劳强度更有利；

3）并排与交错，静强度谁更有利，不同设计资料说法不一，应针对包括载荷方向在内的具体情况做分析；

4）没有证据表明交错比并排更好，但交错排列对密封有利,交错排列的宽度可以小一些,因此对连接区减重有利。

图 9~图 12 示意了紧固件的并排与交错排列,查《应力集中系数手册》(航空工业部科学技术委员会,1990),关注部位 A 的应力集中系数(相对于毛截面平均应力)重新作图于图 13。图 9~图 12 与《应力集中系数手册》的对应关系是:

2 孔并排,对应《应力集中系数手册》中的图 4.1.30b;

4 孔正方形并排,对应《应力集中系数手册》中的图 4.1.38a;

3 孔等边三角形交错(1),对应《应力集中系数手册》中的图 4.1.40a;

3 孔等边三角形交错(2),对应《应力集中系数手册》中的图 4.1.41a。

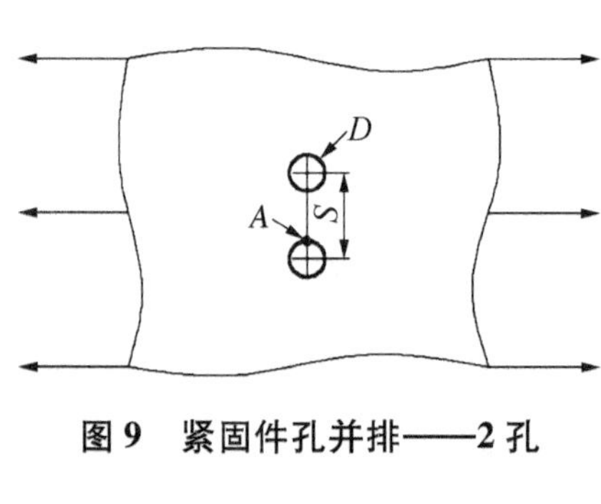

图 9　紧固件孔并排——2 孔

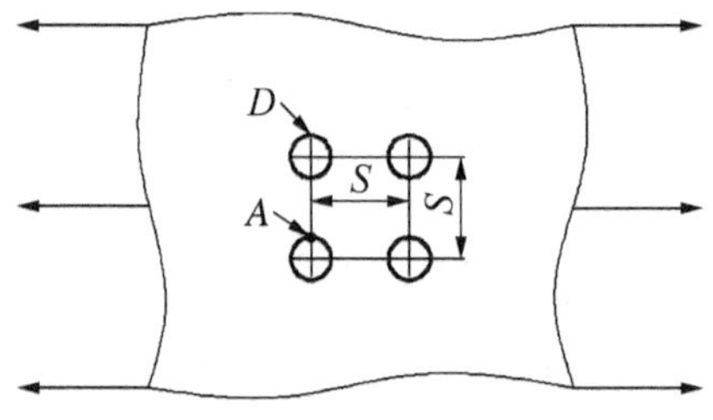

图 10　紧固件孔并排——4 孔正方形

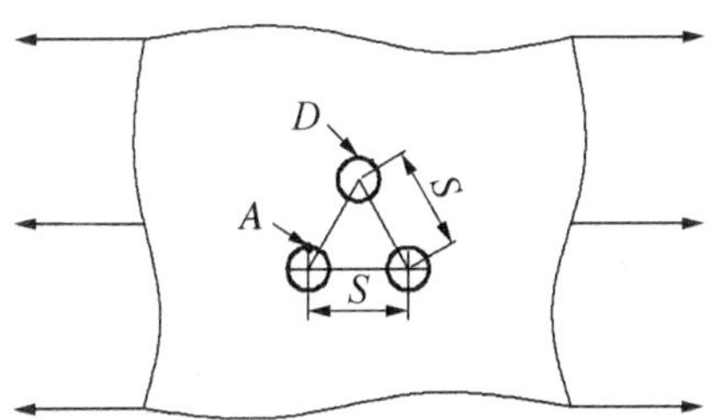

图 11 紧固件孔交错——3 孔等边三角形(1)

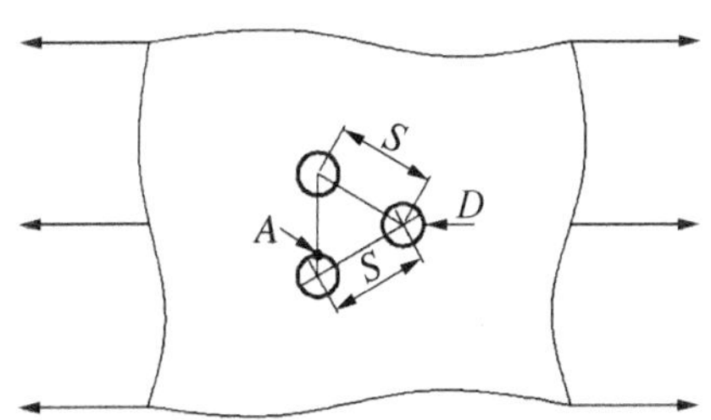

图 12 紧固件孔交错——3 孔等边三角形(2)

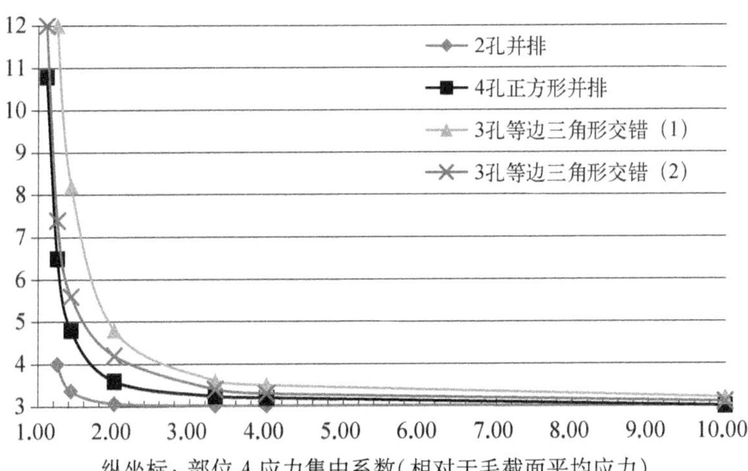

纵坐标：部位 A 应力集中系数(相对于毛截面平均应力)
横坐标：间距 S/直径 D

图 13 部位 A 应力集中系数——无限大板的拉伸

从图 13(关注部位 A 的应力集中系数),可以看出:

1) 间距过小(小于 $2D$),孔与孔相互影响导致应力集中系数大幅增加;

2) 间距大于 $4D$,孔与孔对应力集中的相互影响可忽略;

3) 孔与孔对应力集中的相互影响,交错大于并排。

注意上述结论和载荷方向有关。

10

紧固件与配合

紧固件与配合是飞机结构强度设计必须重点关注的细节。紧固件与配合的选择和设计，涉及多因素的综合考虑。本章简要论述紧固件与配合的一般设计要求及其注意事项。

10.1　紧固件直径与连接厚度

连接接头中的一个零件的厚度不应超过 $1D$（紧固件名义直径）；低的钉传载荷情况以及油箱密封等多紧固件（重在密封，而非传载）的情况，接头中的一个零件的厚度不应超过 $1.5D$。多层的受剪接头，接头总厚度（包括垫片）不应超过 $3D$ 或 $3.5D$。

10.2　三类配合精度

配合精度的选择，是设计需求、制造能力等多因素综合考虑

的结果,也与零件材料及紧固件直径有关。以下典型的间隙配合、过渡配合、干涉配合的配合精度,可供参考:

1）间隙配合(金属,复合材料):0~0.07 mm 的间隙,可拆装紧固件;有互换性要求的情况,可能需要更大间隙的孔。

2）过渡配合(金属):0.03 mm 的干涉到 0.03 mm 的间隙,不拆装的紧固件。

3）干涉配合(铝合金):0.01~0.05 mm 的干涉,耐久性和损伤容限要求的不拆装的紧固件。

10.3 螺栓直径

用于受拉为主的螺栓,直径应 6 mm 以上。全部满足下列情况时,也可使用直径 4 mm 以上的紧固件:

1）最大拉伸载荷小于紧固件拉伸许用值的 50%;

2）非飞行安全结构;

3）多紧固件。

10.4 高锁螺栓

高锁螺栓通常是对 Hi-lok、Hi-lit、Hi-tigue 类螺栓的统称。

Hi-lit 螺栓是第二代的 Hi-lok 螺栓,总长度变短,更轻。Hi-lit 螺栓不强调干涉配合,推荐的是过渡配合(铝合金)或小间隙配合(钢、钛合金)。Hi-tigue 螺栓是专为干涉配合设计的,对紧固件孔有冷挤压作用。

高锁螺栓的优点和应用注意事项：

1）Hi-lok、Hi-lit 等可以单面拧紧安装；

2）collar 拧断型螺母的拧紧力矩可控，高于通用规范推荐的螺栓拧紧力矩，无需定力扳手，高的螺栓预紧力，对疲劳有利；

3）Hi-lit 螺栓有重量优势；

4）高锁螺栓（Hi-tigue 除外）并不是为干涉配合研制的。

未见有提到 Hi-tigue 螺栓大量工程应用的文献资料。

10.5 螺栓/螺母安装的拧紧力矩

螺栓/螺母安装应有拧紧力矩要求，除转动类、耳片类等螺栓仅承受剪切载荷的情况外，被连接零件（夹层）应被夹紧。合理的拧紧力矩、被夹紧的结构，对螺栓的强度（尤其疲劳强度）有利，对被连接零件强度及疲劳有利。铆钉连接的铆接力对被连接结构的疲劳也是有影响的，见图 16。

通用规范、标准规定的螺栓拧紧力矩，是一般基本要求，拧紧力矩值偏小。高锁螺栓拧紧力矩（collar 拧断型螺母）相对较大。有特别预紧力要求的螺栓连接（如限制载荷下，连接零件贴合面不分开），预紧力还要大。

高的预紧力对螺栓的拉伸疲劳有利，其原理是叠加外载荷以后，在连接零件贴合面分开之前，螺栓承受的疲劳载荷的幅值下降了。〔荷兰〕亚伯·斯海维的《结构与材料的疲劳

(第2版)》与美国法思诺公司的网站(https://www.fastenal.com)对预紧力螺栓疲劳寿命增益原理有很好的描述,见图14。

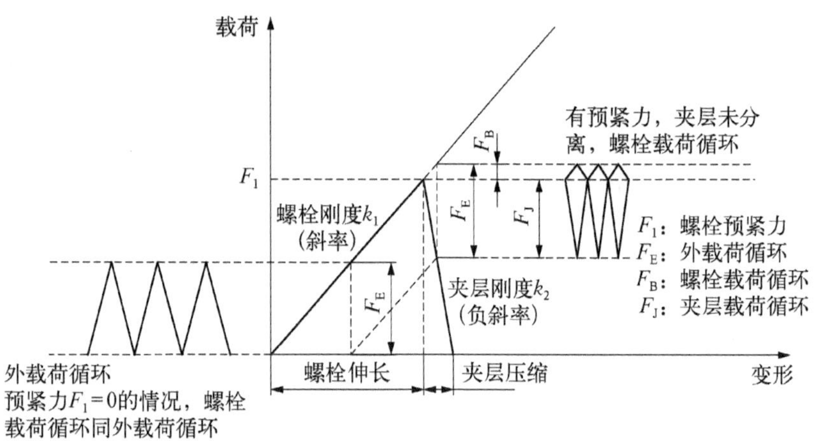

图14　预紧力螺栓疲劳寿命增益原理

资料来源:法思诺公司网站 http://www.fastenal.com

图14基本内容来自法思诺网站。为方便读者理解,作者对图样及标注做了补充,成都飞机设计研究所的钟顺录做了如下解读。

$$\frac{F_B}{F_J}=\frac{k_1}{k_2}$$

$$\frac{F_B}{F_E}=\frac{k_1}{k_1+k_2}=\frac{1}{1+\dfrac{k_2}{k_1}}$$

$$\frac{F_J}{F_E}=\frac{k_2}{k_1+k_2}=\frac{1}{1+\dfrac{k_1}{k_2}}$$

从上述公式以及图14可以看出:

螺栓有预紧力、夹层未分离时，外载荷循环作用下，夹层刚度越大，值（k_2/k_1）越大，螺栓载荷循环幅值越小，对螺栓疲劳寿命越有利；螺栓刚度与夹层刚度相同时，螺栓载荷循环幅值为外载荷循环幅值的一半；夹层刚度无限大时，螺栓载荷变为恒定静载荷（载荷幅值为零）。

对于重要连接、受拉为主的螺栓连接，疲劳关注的预紧力明显高于通用规范、标准规定的拧紧力矩。

承受拉伸载荷的螺栓连接，如果没有正确拧紧、连接零件没有被夹紧，螺栓的疲劳性能会显著下降，必须避免这种很糟糕的情况。

设计师/工程师应规定螺栓连接的拧紧力矩。关键、重要的螺栓连接，必须规定拧紧力矩。

转动类零件连接，螺栓不能夹紧（影响转动）；单耳片/双耳片（lug/clevis）类连接，螺栓的安装不能造成耳片根部附加受弯，见图 15（详见参考文献 *Tips on Fatigue*）。

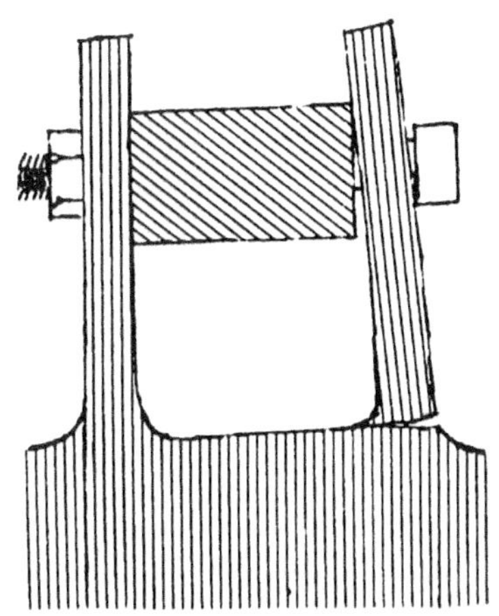

图 15　应避免的耳片螺栓夹紧连接

资料来源：*Tips on Fatigue*（Bureau of Naval Weapons，1963）

另外,拧紧力矩作用是夹紧被连接结构(夹层)和产生螺栓预紧力,对螺母防松也有贡献;自锁螺母本身只是螺母的防松;拧紧力矩与螺母防松是独立的两个设计要求。

10.6 开口销

螺栓/螺母连接(螺纹连接)必须考虑防松措施。

开口销是螺纹连接的防松措施之一,设计师/工程师开口销应用不当的例子并不鲜见。一次研讨会上,一位专家针对性地提醒,开口销只能防螺母掉。记住这个提醒,可以避免一些开口销应用不当的设计。

工程设计中常见的开口销不正确地应用的情况是,承受拉伸载荷或拉/剪复合载荷的螺栓,由于用了开口销,为使螺栓上的孔与螺母上槽口对准,安装工人通常是拧松螺母。这种情况下,螺栓没有拧紧、连接零件没有夹紧,螺栓很容易过早疲劳破坏。

很多资料推荐的是,开口销主要适用于:

1) 低拧紧力矩要求的部位,详见参考文献 *Fastener Design Manual*(Barrett,1990);

2) 转动部位,"强制"使用,详见参考文献《实用飞机结构工程设计》(牛春匀,2008)。

虽然 2002 年版的航标 HB 0－2－2002《螺纹连接和销钉连接的防松方法》增加了"不允许用拧松螺母的方法进行调整"(可以进一步拧紧螺母但不能超最大拧紧力矩,或更换螺母或螺

栓,或选配垫圈厚度)的规定,但作者仍然建议:

1) 重要连接、受拉为主、疲劳关注的螺纹连接,要规定拧紧力矩,不用开口销防松;

2) 用开口销防松,如果不放弃夹紧要求,一定要落实“不允许用拧松螺母的方法进行调整”。

10.7 垫圈

关于垫圈应用的建议如下(详见牛春匀先生的《实用飞机结构工程设计》《实用飞机结构应力分析及尺寸设计》以及《飞机设计手册》总编委会等的《飞机设计手册 第 10 册:结构设计》等参考资料)。

垫圈的主要功能。在螺母与被连接结构(零件)之间使用垫圈,可以拧紧螺母同时避免螺栓的螺纹部分进入被连接结构,以及在拧紧螺母时,可以保护被连接结构的表面;对于螺母/螺栓/开口销防松的情况,选配垫圈厚度,可以避免用拧松螺母的方式安装开口销,见 10.6 节。

一般只在螺母端使用垫圈;承受高拉伸载荷的凸头螺栓,螺栓头端和螺母端都应使用垫圈;必须转动螺栓头来实现拧紧的情况,螺栓头端也应使用垫圈;连接复合材料结构,必须使用垫圈或带垫圈的螺母(washer nut)。

安装凸头螺栓,应在螺栓头端孔边制倒角(通常 45°);螺栓头端需要使用垫圈的情况(薄零件、不宜制孔边倒角,或螺栓承受高拉伸载荷),推荐使用沉头窝垫圈(countersunk washer)。

10.8 搭接试样铆接力对疲劳寿命的影响

本书 10.5 节、10.6 节都强调了连接的夹紧(转动类除外)。夹紧对紧固件以及被连接零件的疲劳都是有益的。

板材搭接试样铆接力对疲劳寿命的影响,一些试验研究结果见图 16。简单的规律是,铆接力大,搭接试样疲劳寿命长。

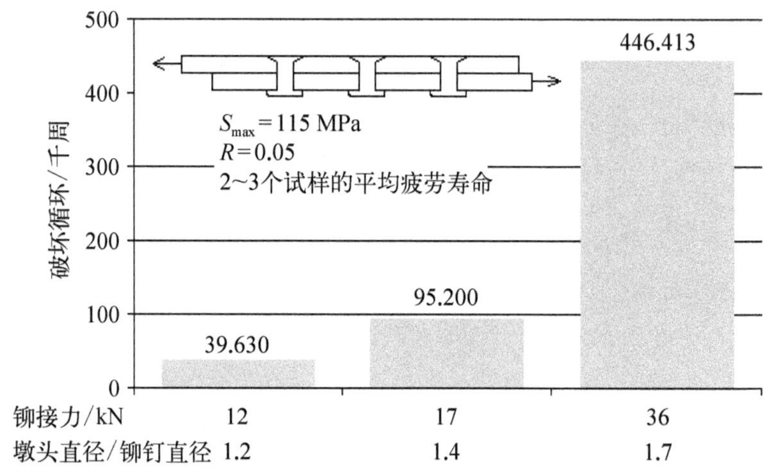

图 16 搭接铆接试样铆接力对疲劳寿命的影响

资料来源: *Riveted Lap Joints in Aircraft Fuselage — Design, Analysis and Properties* (Skorupa et al., 2012)

10.9 修理用铆钉

修理或返工的情况,必要时为降低铆接力、避免发生意外损伤,可以采用加大直径的强度较低(材料较软)的铆钉。

11

螺栓干涉配合

一些获取疲劳寿命增益的设计/工艺措施，如干涉连接、开缝衬套冷挤压、压合衬套冷膨胀、喷丸以及近年来应用的激光喷丸等，一般统称为疲劳强化技术或疲劳寿命增益技术。有的主要增加裂纹形成寿命，如喷丸；有的对增加裂纹形成寿命及裂纹扩展寿命都有贡献，如干涉连接、开缝衬套冷挤压、压合衬套冷膨胀。

疲劳寿命增益原理是利用如下一项或多项的有利作用：

1）在零件表面产生残余压应力；

2）降低疲劳应力幅值；

3）降低应力集中系数；

4）零件表面的硬化等。

本章简要论述螺栓干涉配合的寿命增益原理、一般设计要求及其注意事项。

螺栓干涉配合在孔边产生残余应力。简化为平面问题，干涉配合孔边残余应力状态见图 17，孔边残余应力分布见图 18，详见参考文献《飞机结构抗疲劳断裂强化设计手册》(航空技术研究院,1993)与《疲劳寿命增益孔边残余应力分析》(张志贤等,2021)。

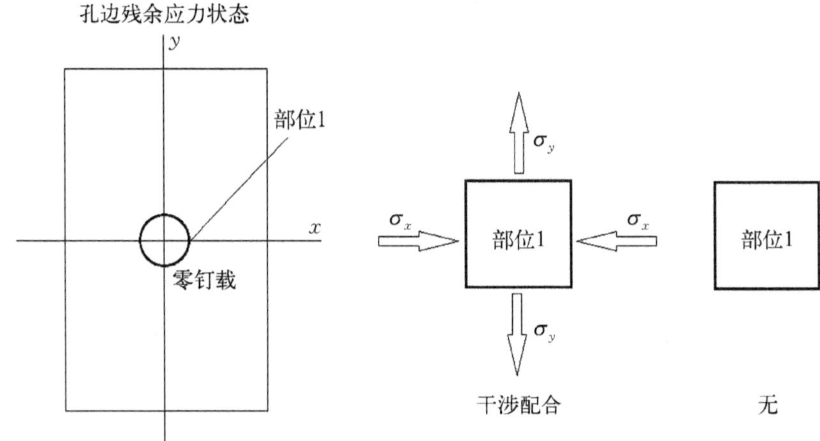

图 17　干涉配合孔边残余应力状态

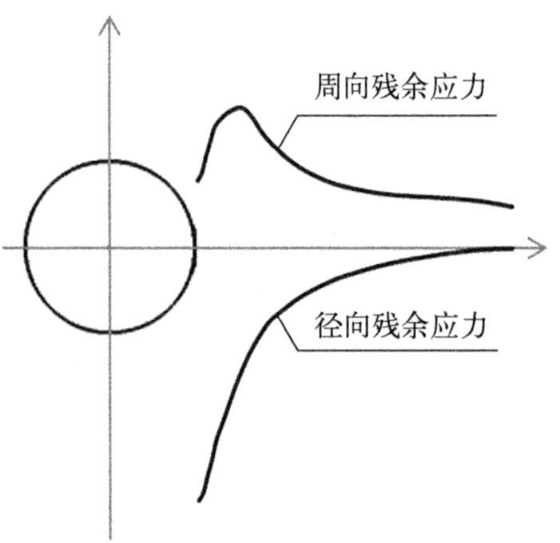

图 18　干涉配合孔边残余应力分布

疲劳载荷作用下,孔边残余应力以及孔的填充降低孔边疲劳应力幅值,增加孔的疲劳寿命,见图 19。

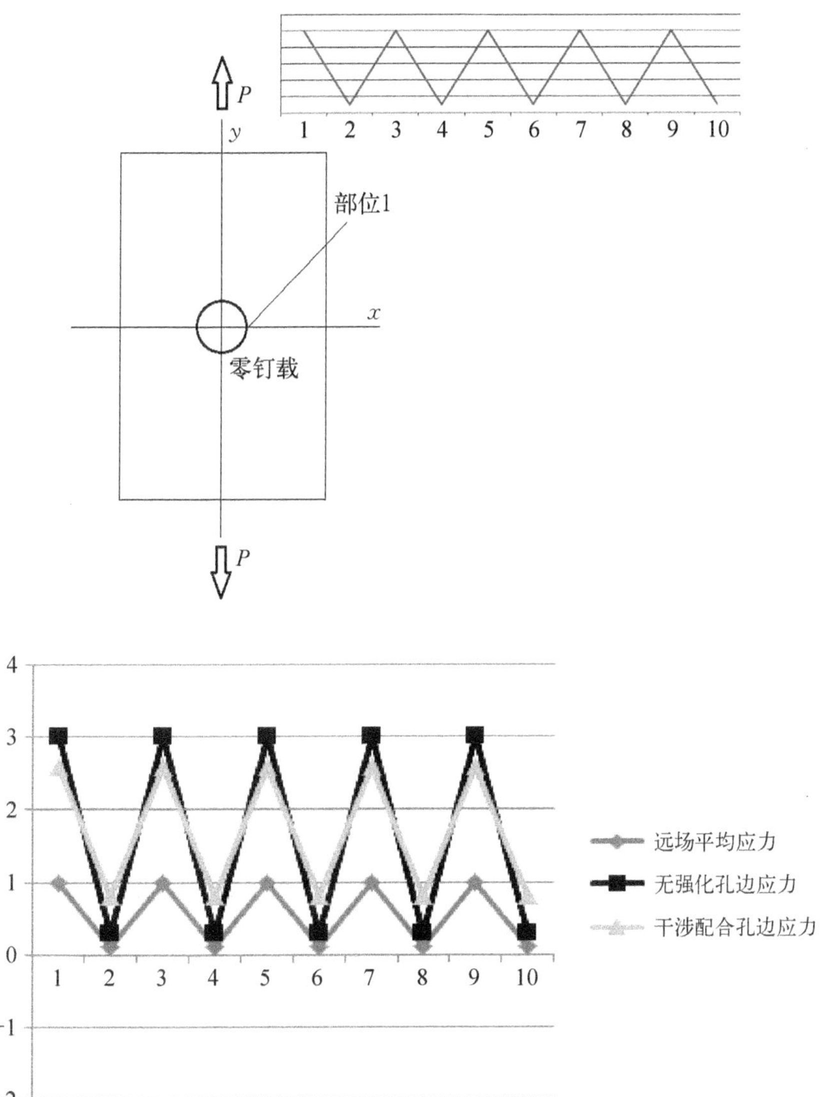

图 19　干涉配合孔边疲劳应力

从图 18 可以看出，干涉配合孔边周向残余应力是拉应力，很不同于开缝衬套冷挤压（见图 22）。很多经典资料都认为，干涉配合孔边疲劳应力的峰值是增加的。成都飞机设计研究所疲劳设计室的研究发现,典型应用情况下,相对于开缝衬套冷挤压、压合衬套冷膨胀,螺栓干涉配合的干涉量不大,加之由于填充效应孔的应力集中下降,孔边疲劳应力的峰值是下降的,详见张志贤等的《疲劳寿命增益孔边残余应力分析》。一组试验测试数据也支持张志贤等的这一结论:干涉配合螺栓,疲劳应力循环的变程从 0~136 MPa 降低到 31~83 MPa,即峰值、幅值都降低了。

以下因素也对疲劳寿命增益有贡献:

1）相对于空孔或间隙配合螺栓孔,干涉配合螺栓对孔的填充,降低孔边的局部应力集中;

2）干涉配合螺栓对孔边材料有冷作硬化作用;

3）相对于间隙配合螺栓孔,减轻微动磨蚀。

干涉配合螺栓应用策略、建议如下。

1）原理上、试验室数据、学术文章等均表明,干涉配合螺栓对孔的疲劳寿命有显著增益。

2）由于干涉配合螺栓安装困难,工程设计实践上,对于钢零件、钛合金零件,不推荐螺栓干涉配合,甚至不推荐过渡配合。含复合材料的连接,干涉配合螺栓的安装可能损伤复合材料,推荐采用间隙配合。

3）干涉配合螺栓典型应用于铝合金结构的关键部位。典型干涉量:0.4%~1.0%;或 0.01~0.05 mm。

4）注意干涉量过大的副作用:孔边周向拉应力(不能超过应力腐蚀开裂门槛值),孔壁损伤,操作困难(飞机结构不同于试验室试样)等。

5）安装工艺要求：用轻型铆枪（中间垫胶木衬块等），将螺栓完全安装到位，用带尼龙的顶铁支撑在结构另一面。不能通过螺母拉螺栓进孔。注意：在实际操作中，工人经常不在结构孔的背面做支撑。

12

开缝衬套冷挤压

紧固件孔开缝衬套冷挤压是飞机结构应用最为广泛、技术最为成熟的疲劳寿命增益措施。本章简要论述紧固件孔开缝衬套冷挤压寿命增益原理、一般设计要求及其注意事项。

紧固件孔冷挤压的基本概念、原理源于20世纪60年代后期的波音公司。

对紧固件孔做冷挤压的主要目的是获取疲劳寿命(裂纹形成和裂纹扩展)增益。

飞机结构疲劳关键紧固件孔常用开缝衬套冷挤压,开缝衬套冷挤压是很成熟、应用非常广泛的一种疲劳寿命增益技术。美国疲劳技术公司(Fatigue Technology Inc.,FTI)的开缝衬套冷挤压工艺示意见图20。

开缝衬套冷挤压在孔边产生残余应力。简化为平面问题,冷挤压孔边残余应力状态见图21,孔边残余应力分布见图22,详见参考文献《飞机结构抗疲劳断裂强化设计手册》(航空技术研究院,1993)与《疲劳寿命增益孔边残余应力分析》(张志贤

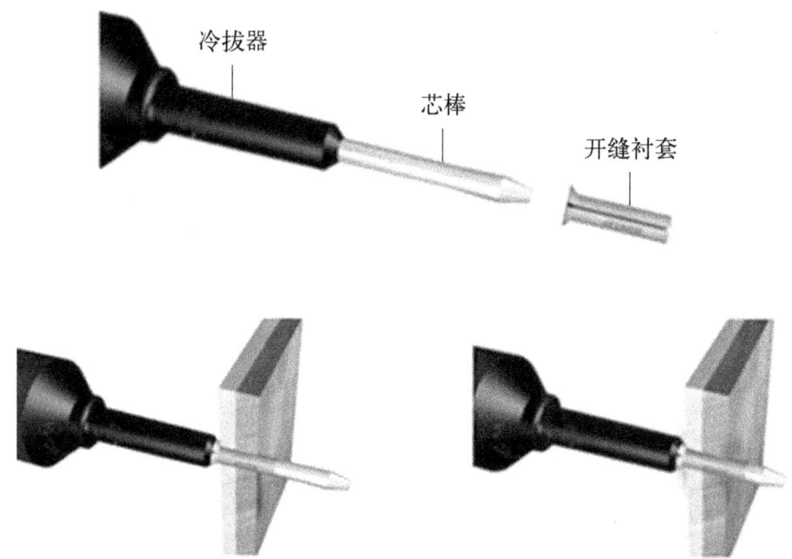

图 20　开缝衬套冷挤压工艺示意(FTI)

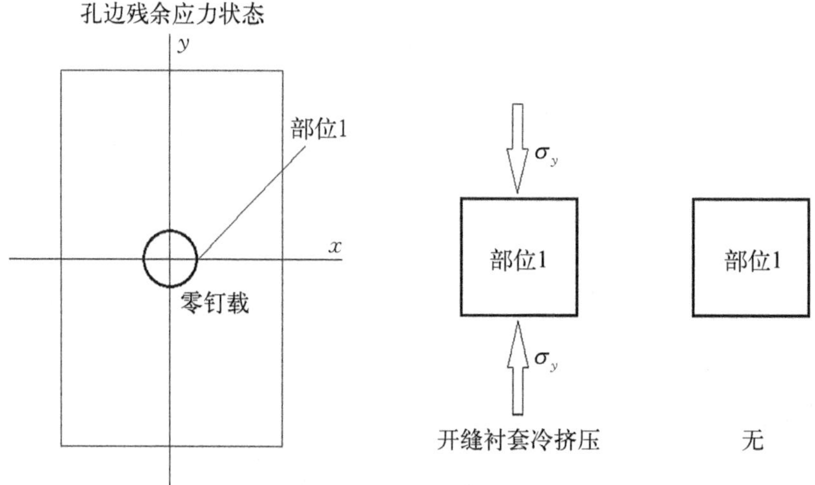

图 21　开缝衬套孔边残余应力状态

等,2021)。对多数材料,紧固件孔直径 12 mm 以下,冷挤压产生的孔边残余压应力,压应力范围(径向)约为一个半径至一个直

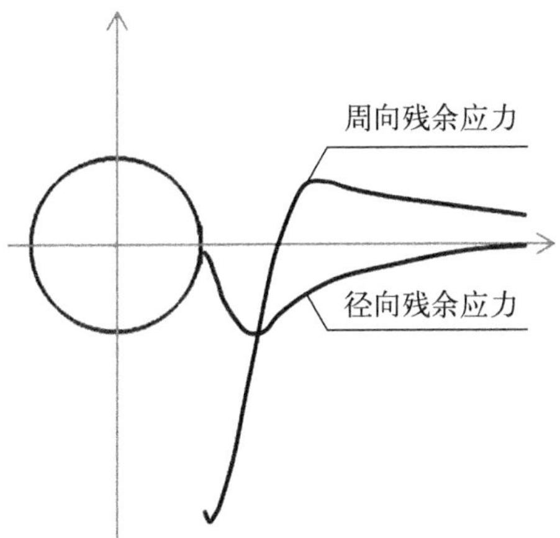

图 22 开缝衬套孔边残余应力分布

径。疲劳载荷作用下,孔边残余应力降低孔边疲劳应力均值及峰值(不降低疲劳应力幅值,即疲劳应力整体下移),增加孔的疲劳寿命,见图 23。

12.1 冷挤压量(膨胀量)

FTI 等采用的名义相对挤压量定义如下:

$$I = \frac{(D + 2t - \mathrm{SHD})}{\mathrm{SHD}} \times 100\%$$

式中,I——相对挤压量;

D——芯棒大径;

t——衬套壁厚;

SHD——开始冷挤压时的孔(开始孔)直径。

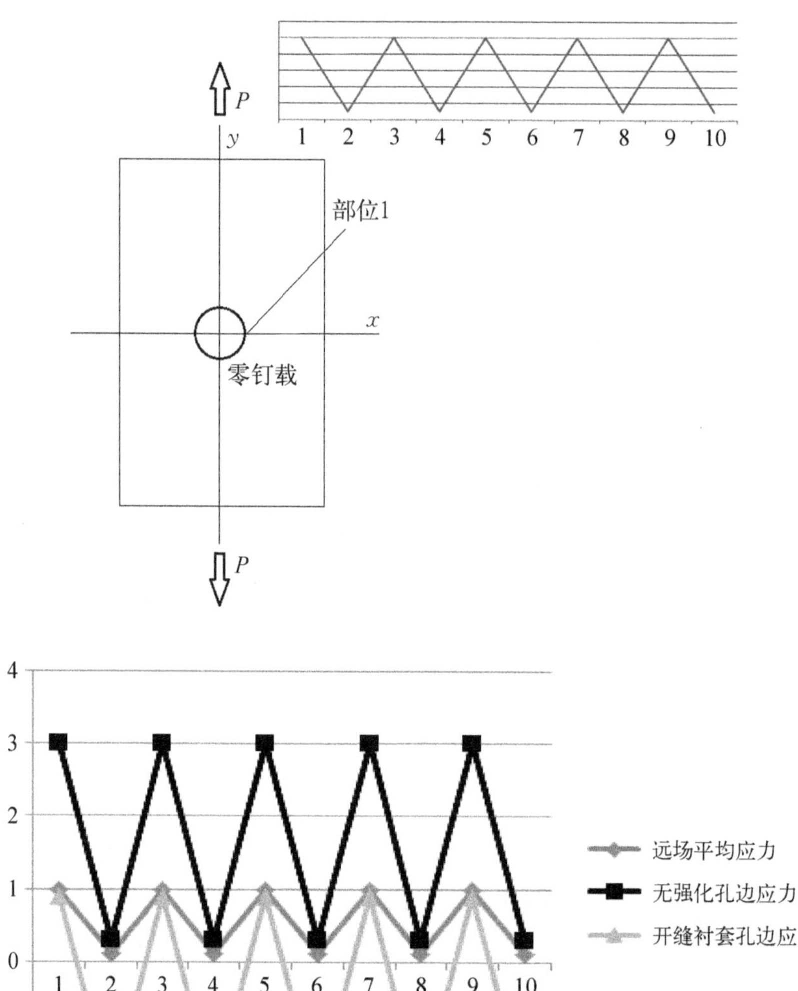

图 23　开缝衬套孔边疲劳应力

即，相对挤压量定义为安装过程中衬套的总膨胀量，与基体开始孔直径的百分比。

飞机铝合金、钛合金结构紧固件孔典型冷挤压量见表 2。

表2 铝合金、钛合金结构紧固件孔典型冷挤压量

材　料	相对挤压量	孔直径/mm
铝合金	3.0%~6.0% (4.0%名义)	4~12
钛合金	4.5%~6.7% (5.5%名义)	4~12

12.2 铝合金7050等板材ST方向冷挤压

近年来,冷挤压工艺应用过程中,注意到一些高强铝合金材料(7050/7010/7085与2124/2618板材,7178挤压型材)对开缝衬套缝的方向敏感,尤其是孔垂直于ST方向的情况,出现过冷挤压导致孔开裂的现象。不建议在7050-T74XX等材料的ST方向应用冷挤压工艺,见图24。

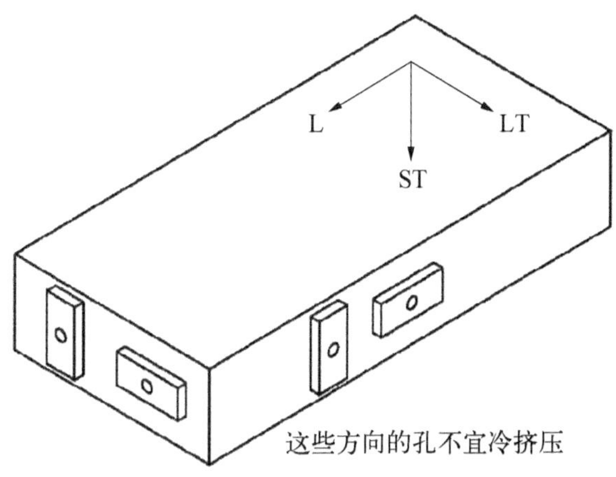

图24 不建议在7050-T74XX等材料的ST方向应用冷挤压工艺

FTI 等，对这些情况下应用冷挤压工艺，对开缝衬套缝的方向（见图 25）有推荐并建议减小挤压量。

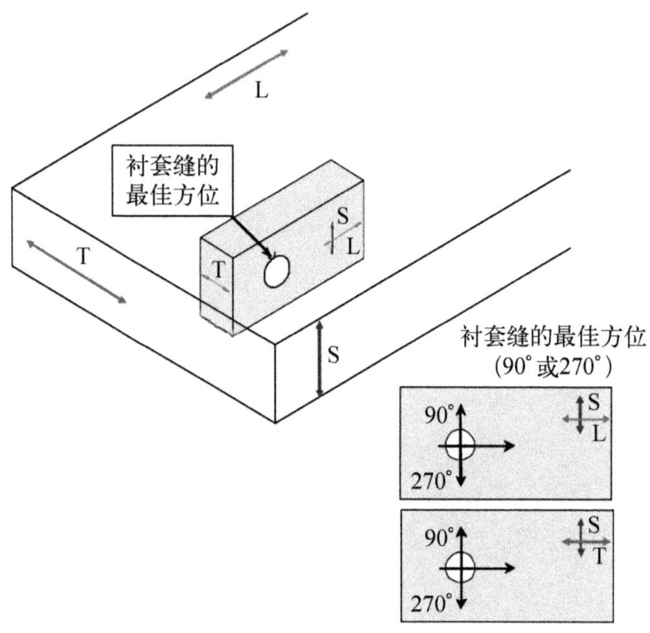

图 25　短横向冷挤压衬套缝的方向（FTI）

12.3　冷挤压后孔的“异常”

冷挤压后的孔壁可能呈轻微“沙漏”形状，拉枪侧（芯棒出端）的孔通常大一些。

冷挤压后孔可能会出现三种“异常”：孔壁凸脊、剪切不连续、孔边表面凸起，见图 26。

FTI 公司规范等资料都指出，冷挤压后孔的这三种“异常”，不会对孔的疲劳寿命增益有不利影响。

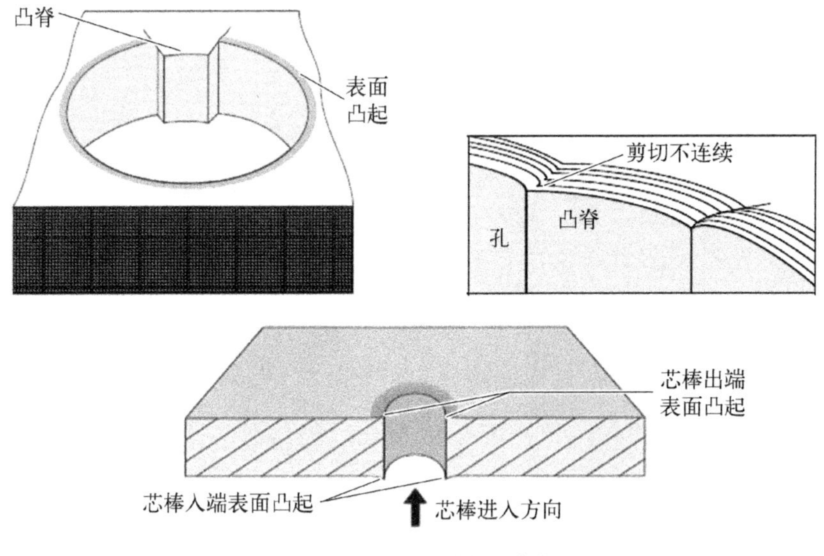

图 26 冷挤压孔的三种“异常”(FTI)

孔边凸起可达 0.05 mm(钢)、0.25 mm(铝)。芯棒出端的凸起比芯棒入端的凸起略大一些。如果不影响零件装配等,可以不对孔边凸起做锪平。

孔壁凸脊在冷挤压后的铰孔工序(通常有这道工序)中,会被去除。孔壁凸脊高度也可通过这样的方式减小:同样的工具,新开缝衬套(缝的位置距凸脊 180°),再做一次冷挤压。

表面的浅的剪切不连续,通常只出现在铝合金的冷挤压孔中。如果铰孔后,发现有裂纹,这个孔必须拒收。

耳片、小边距(边距定义见图 7)、短横向等这些情况下的冷挤压工艺应用,应将开缝衬套的缝置于有利的方向(位置),见图 25。

12.4 小边距冷挤压

冷挤压工艺对边距的需求,FTI 公司规范(2011)等一般的推荐是边距≥1.75D。

冷挤压孔的间距应不小于3D。

欧美国家飞机公司、FTI、美国空军研究部门等对小边距冷挤压效果做了很多的试验研究，结果是比较积极的，小边距情况下也可采用冷挤压工艺。一些试验结果见图27～图29。一般的规律是：

1）大干涉量，对大边距孔（$e/D>1.5$），更有效；

2）小干涉量（3%），对小边距孔，更有效；

3）很小边距孔（$e/D<1.4$），不大有效；

4）冷挤压疲劳寿命总是有提升，即使$e/D=1.0$；

5）膨胀量对残余压应力区尺寸影响小；

6）残余压应力峰值基本与孔径不相关；

7）残余压应力区尺寸与孔径成比例；

8）边距对残余应力影响大；

9）小边距，残余压应力区尺寸减小；

10）小边距，靠近自由边的拉应力增加；

11）邻近孔对残余应力影响大；

12）靠近冷挤压孔的边，有残余高拉应力。

三篇参考文献的试验结果如下。

参考文献 *Durability and Damage Tolerance Evaluation of Rivetless Nut Plates Installed in Short Edge Margin*（Ransom et al., 2013）中，关于小边距无铆钉托板螺母（冷挤压安装）的耐久性和损伤容限性能的试验研究的主要结论是：

1）材料ZLT2024－T351，孔径7.87 mm，$e/D=1.0\sim3.8$，试验

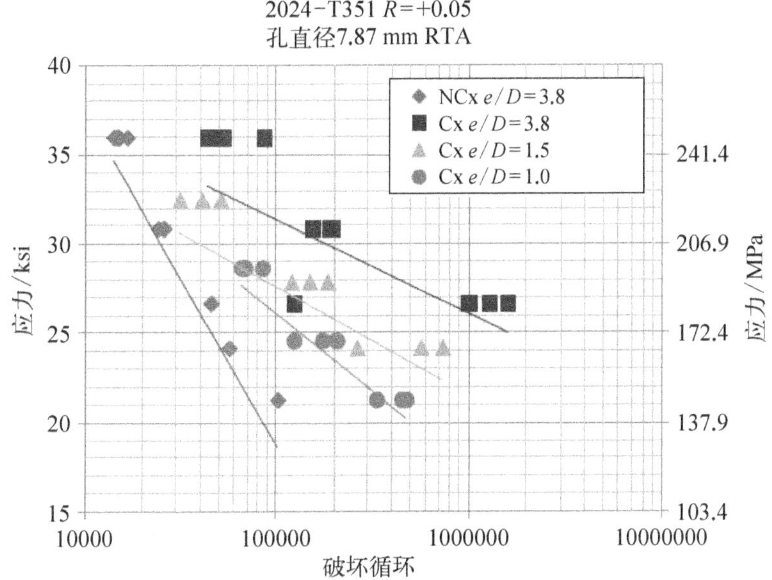

图 27　不同边距冷挤压孔疲劳寿命

资料来源：*Durability and Damage Tolerance Evaluation of Rivetless Nut Plates Installed in Short Edge Margin*（Ransom et al.，2013）

注：1 ksi = 6.895 MPa

室室温，不同边距冷挤压孔疲劳寿命见图 27。

2）小边距会降低疲劳寿命的增益，会产生自由边凸起（bulge），可能导致孔外自由边部位的开裂。即使 $e/D = 1.0$，冷挤压的疲劳寿命也长于 $e/D = 3.8$ 无冷挤压的疲劳寿命（作者注：高应力情况下，这个结论不一定成立）。

参考文献 *Modeling Fatigue Performance at Cold Worked Fastener Holes*（Mills et al.，2013），试验结果见图 28。

1）疲劳试验谱：战斗机机翼谱（峰值应力 265 MPa）。

2）2024－T351 铝合金单孔试样（厚 6. 35 mm，孔直径 6.35 mm，挤压量 4.26±0.19%）。

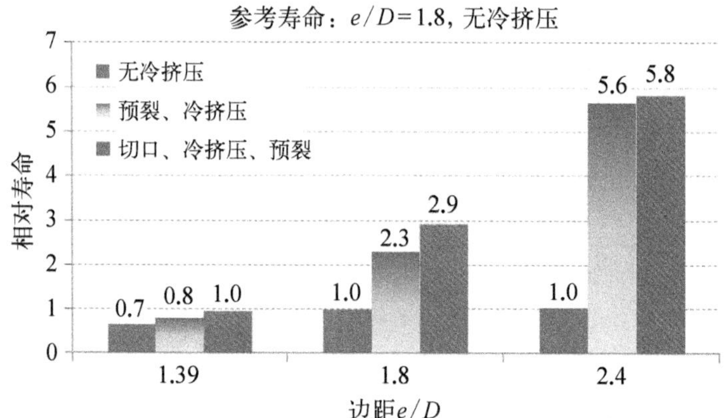

图 28　不同边距、有无预制裂纹冷挤压孔疲劳寿命

资料来源：*Modeling Fatigue Performance at Cold Worked Fastener Holes* (Mills et al., 2013)

3）3 种边距（1.39*D*，1.8*D*，2.4*D*），每种边距 8 个试样：

3 个试样：先在芯棒入端预裂至 1.27 mm 裂纹，再冷挤压、铰至终孔；

3 个试样：电火花（EDM）制切口，冷挤压，预裂至 1.27 mm 裂纹，铰至终孔；

2 个试样：无冷挤压。

4）试验结果表明：2.4*D* 边距情况，冷挤压顺序（预裂-冷挤压，切口-冷挤压-预裂）基本不影响疲劳寿命；边距对寿命的影响大于冷挤压顺序对寿命的影响。

参考文献 *Edge Margin Effect on Fatigue Life of Cold Expanded Holes*（Ross，2019），试验结果见图 29。

1）载荷谱：战斗机机翼根部弯矩谱，峰值应力 228 MPa，含标识载荷。

2）铝合金 2024 - T351。

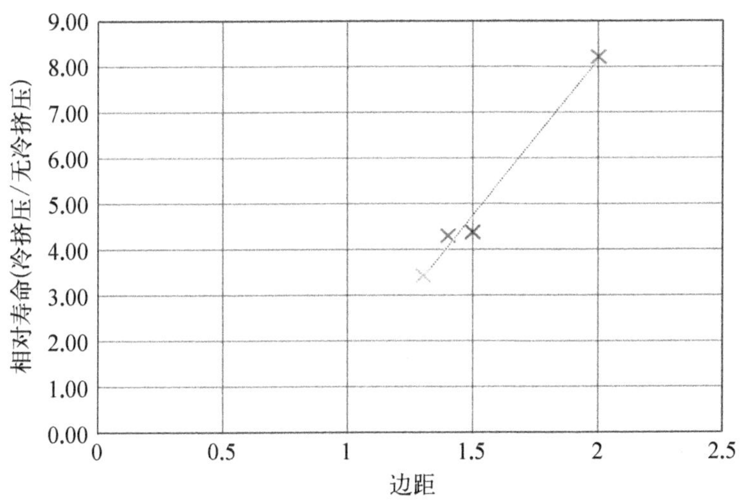

图 29 边距对冷挤压孔疲劳寿命的影响

资料来源：*Edge Margin Effect on Fatigue Life of Cold Expanded Holes*（Ross,2019）

3）单孔试样（宽 101.6 mm，厚 6.35 mm，孔直径 12.7 mm），4 种边距（1.3*D*，1.4*D*，1.5*D*，2.0*D*），共 20 个疲劳试验试样：

12 个冷挤压试样：初铰孔，EDM 切口，预裂至 1.27 mm，冷挤压量 4.4%，终铰孔；

8 个无冷挤压试样：初铰孔，EDM 切口，预裂至 1.27 mm，终铰孔。

4）试验结果表明：冷挤压寿命增益（相对寿命）3.44～8.22 倍；冷挤压试样初始裂纹扩展率与无冷挤压试样初始裂纹扩展率相当。

12.5 冷挤压后铰削量对寿命增益的影响

为便于冷挤压孔的紧固件安装（小间隙配合、过渡配合，甚至干涉配合)，通常是在冷挤压工序后铰削到精度要求的最终孔径尺寸。铰削量(典型直径铰削量 0.15~0.25 mm)相对残余压应力区尺寸(约一个直径)是小量，对寿命增益的影响(降低)不大。

冷挤压后铰削量对寿命增益的影响，Ozelton 等(1986)的文献给出了一组试验结果，表明典型铰削量不影响孔冷挤压后寿命增益，见图 30。

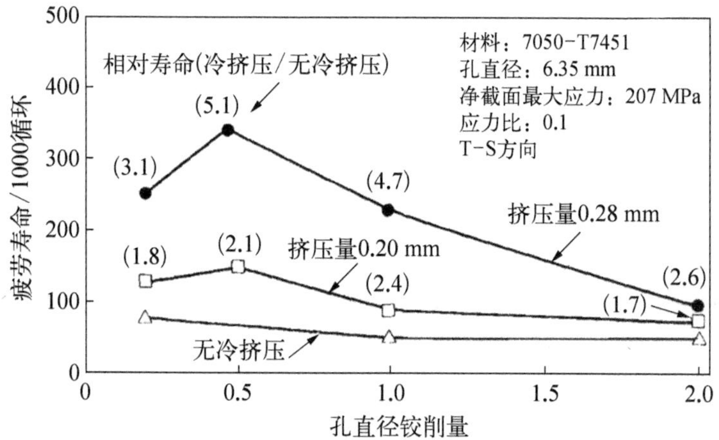

图 30　冷挤压后铰削量对寿命增益的影响

资料来源：*Fatigue Life Improvement by Cold Working Fastener Holes in 7050 Aluminum*(Ozelton et al.,1986)

12.6　含裂纹孔冷挤压寿命增益

冷挤压对紧固件孔有寿命增益作用，冷挤压也是飞机结构紧固件孔修理常用的措施之一。

含裂纹的紧固件孔修理，通常是首先铰削、扩孔、无损检测确认至完全去除裂纹。但某些情况下，由于边距限制、间距限制、无损检测应用限制等，很难做到或保证完全去除裂纹。含裂纹的紧固件孔的冷挤压，有需求，有应用场景。

欧美国家飞机公司、FTI、美国空军研究部门等对含裂纹的孔冷挤压的寿命增益，做了很多的试验研究，结果是比较积极的。

文献 *Fatigue Life Improvement by Cold Working Fastener Holes in 7050 Aluminum*（Ozelton et al.，1986）给出了一组 7050－T7451 铝合金含裂纹孔的冷挤压的寿命增益试验结果，见图 31。试验结果表明：

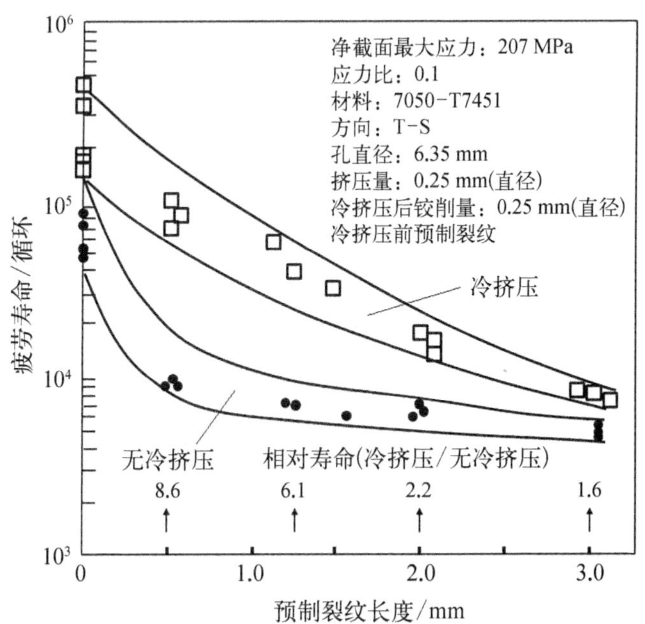

图 31　含裂纹孔（7050－T7451 铝合金）冷挤压的寿命增益

资料来源：*Fatigue Life Improvement by Cold Working Fastener Holes in 7050 Aluminum*（Ozelton et al.，1986）

1）冷挤压前的预制裂纹，在冷挤压过程中，未见扩展；

2）有预制裂纹的试样，冷挤压有寿命增益；

3）寿命增益随预制裂纹长度增加而降低；

4）预制 0.5 mm 裂纹的孔，冷挤压后寿命可以达到无裂纹、无冷挤压的状态，甚至更好。

12.7 孔冷挤压应用建议

1）孔冷挤压，原理上、应用实践上已经很成熟，设计师/工程师应该了解常用的、安全的、有显著寿命增益的冷挤压量范围，而不需要特地去研究、追求最优干涉量。

2）紧固件孔的寿命增益，优先考虑开缝衬套冷挤压。

3）在板材短横向（ST）方向慎用或禁用冷挤压，铝锂合金慎用或禁用冷挤压。

4）兼顾生产效率、经济性（成本），飞机设计时按需确定孔冷挤压的应用范围、部位。

5）孔冷挤压也常用于外场飞机结构疲劳裂纹孔的修理。之前实施过冷挤压的孔，还可再次实施冷挤压，并可获得进一步的寿命增益，详见参考文献 *Sustaining an Aging Aircraft Fleet with Practical Life Enhancement Methods*（Reid，2001）。

13

压合衬套冷膨胀

压合衬套，通常是指 FTI 的 Forcemate Bushing 或美国西海岸公司（West Coast Industries，WCI）的 BushMax 一类的冷膨胀衬套。冷膨胀衬套的基本概念源于 20 世纪 80 年代（或更早）的美国麦道（McDonnell-Douglas）公司。压合衬套广泛应用于耳片类结构以及重要连接的紧固件孔。

本章简要论述压合衬套寿命增益原理、一般设计要求及其注意事项。

本书中的开缝衬套“冷挤压”、压合衬套“冷膨胀”，只是习惯用词不同，不是刻意区分。英文文献中，螺栓干涉连接、开缝衬套相关的多用“冷挤压或冷作”（clod working），压合衬套相关的多用“冷膨胀”（cold expansion），也统称为冷膨胀。

压合衬套安装工艺示意见图 32。芯棒出端孔的实际膨胀量大于芯棒入端孔的实际膨胀量。

不同于冷缩装配衬套，压合衬套通过芯棒冷膨胀安装，干涉量（冷膨胀量）较大。

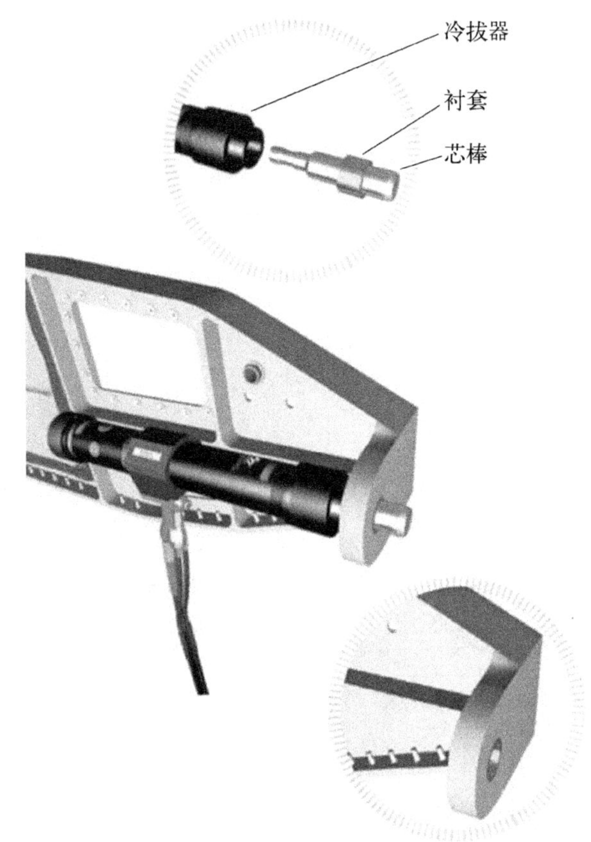

图 32　压合衬套安装工艺示意(FTI)

压合衬套的优点是:

1) 安装快,操作简单;

2) 干涉量大,是冷缩衬套干涉量的两倍或更大;

3) 孔的寿命(裂纹形成和裂纹扩展)增益显著;

4) 衬套不易转动、脱落;

5) 抗腐蚀、抗微动磨蚀能力强。

开缝衬套冷挤压完成后,衬套废弃、不留在孔壁上。不同于开缝衬套,压合衬套冷膨胀安装完成后,衬套是牢固地留存在孔壁上的。

同开缝衬套冷挤压，安装压合衬套的芯棒，不直接作用于孔壁，避免芯棒对孔壁可能造成的损伤，可以实施较大的冷膨胀量，这是与干涉配合很不一样的地方。

压合衬套冷膨胀在孔边产生残余应力。简化为平面问题，压合衬套孔边残余应力状态见图 33，孔边残余应力分布见图 34，详

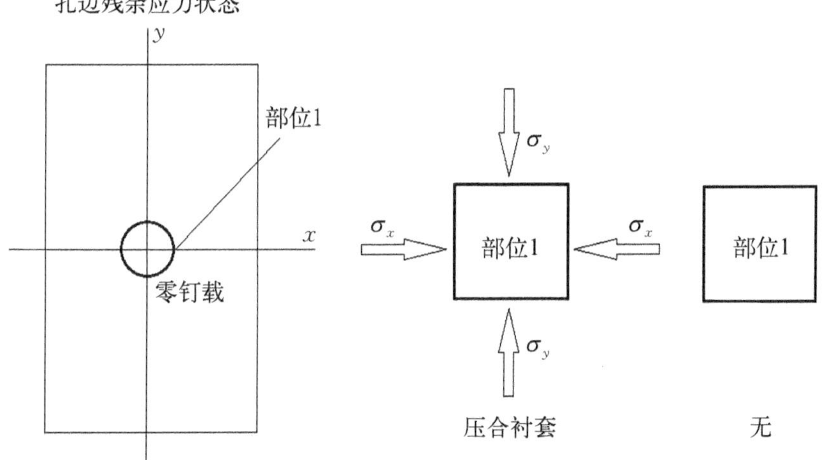

图 33　压合衬套孔边残余应力状态

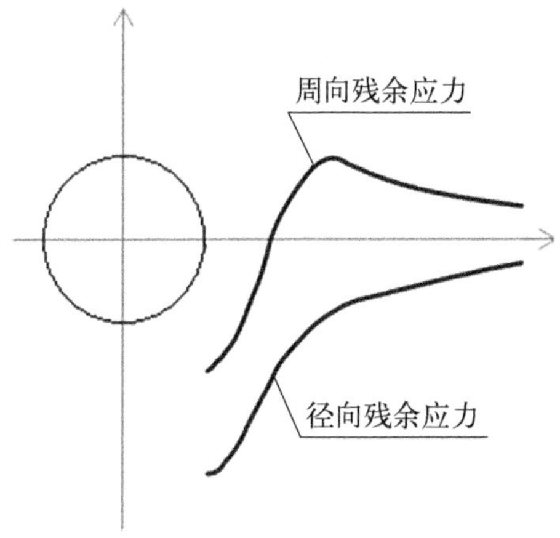

图 34　压合衬套孔边残余应力分布

见《疲劳寿命增益孔边残余应力分析》(张志贤等,2021)。疲劳载荷作用下,孔边残余应力降低孔边疲劳应力幅值,增加孔的疲劳寿命,见图 35。

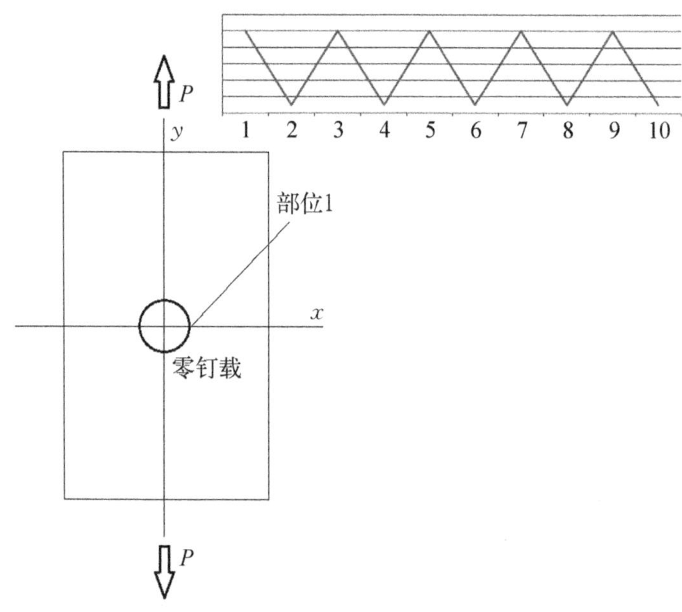

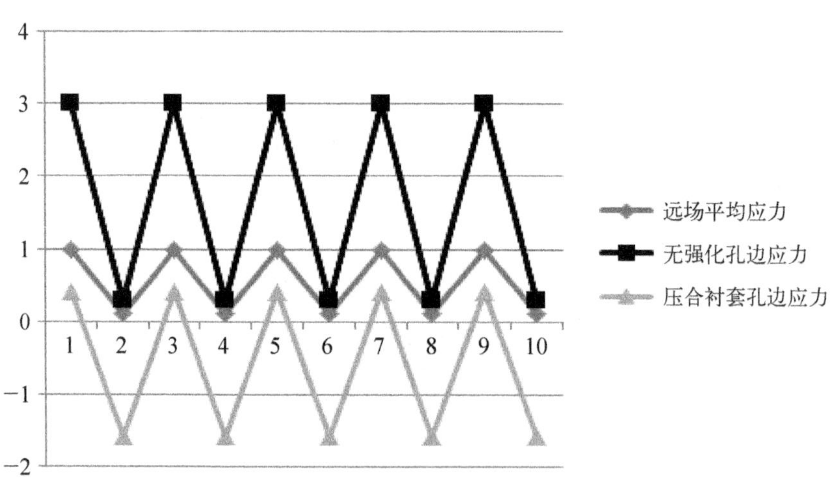

图 35　压合衬套孔边疲劳应力

13.1　冷膨胀量

压合衬套冷膨胀安装前，与零件基孔是间隙配合。

关于压合衬套名义相对膨胀量的定义，常见有两种：一种是 FTI 的表述(Potter，1986)，衬套内径在冷膨胀安装过程中总的膨胀量(芯棒大径减衬套初始内径)与衬套初始内径的百分比；另一种是成都飞机设计研究所等的表述，总的膨胀量(芯棒大径减衬套初始内径)与基体开始孔直径的百分比。

冷膨胀量的确定要考虑衬套和基体(耳片)材料和尺寸(直径、厚度、边距)等因素。耳片类零件，2%以上的膨胀量，可以获得显著的裂纹形成和裂纹扩展寿命增益。

张志贤等(2021)的仿真分析结果表明，影响压合衬套安装拉拔力大小的因素排序是：芯棒与衬套内壁的摩擦系数、干涉量、衬套厚度、边距、孔径。

13.2　含裂纹孔压合衬套寿命增益

同开缝衬套冷挤压，压合衬套也是飞机结构修理常用的措施之一。

含裂纹孔的修理，通常是首先铰削、扩孔、无损检测确认至完全去除裂纹。但某些情况下，由于边距限制、间距限制、无损检测应用限制等，很难做到或保证完全去除裂纹。同开缝衬套冷挤压,含裂纹的紧固件孔或耳片孔的压合衬套,有需求,有应用场景。

同开缝衬套冷挤压应用研究一样,欧美国家飞机公司、FTI、美国空军研究部门等对含裂纹的压合衬套的寿命增益,也做了很多的试验研究,成都飞机设计研究所做了含裂纹的大直径铝合金耳片的压合衬套的寿命试验,结果都是比较积极的。一些试验研究结果如下:

1) 含 0.35 mm 角裂纹孔,压合衬套仍然有寿命增益;

2) 含 2.5 mm 裂纹的孔,安装压合衬套,没有发生零件被撕裂破坏;

3) 裂纹长度增加,寿命增益减少。

参考文献 *Hole Cold Expansion in the Presence of Existing Cracks*(Reid,2013)给出了一些含裂纹孔的压合衬套试验件寿命增益试验结果,见表 3。

表 3 含裂纹孔的压合衬套试验件寿命增益

公司/人员	载荷谱	材　料	初始裂纹/mm	寿命增益
美国诺斯洛普(Northrop)	TAC T-38	7075-T6 7075-T73	0.05~0.25	5∶1
波音	KC-135	7178-T6	1.78~2.03	4∶1~15∶1
Toor, 美国洛克希德(Lockheed GA)	等幅谱	7075-T6	1.27	3.5∶1
Tiffany、Stewart、Moore,美国空军	C-5A	7075-T6	1.27~2.29	4∶1 无破坏

续 表

公司/人员	载荷谱	材　料	初始裂纹/mm	寿命增益
Kobler、Huth、Schutz，德国弗劳恩霍夫结构耐久性与系统可靠性研究所（LBF Germany）	等幅谱	2024－T3	1.27～5.84	3：1～6：1
Hoosen、Eidenhoff，美国格鲁门（Grumman）	F－14	Ti－6AL－6V－2SN	0.89～1.02	10：1
Ozelton、Coyle，美国诺斯洛普	等幅谱	7050－T7451 Ti－6AL－6V－2SN	0.51～3.05	8.6：1～1.6：1 >100：1～3：1
Petrak、Stewart	等幅谱	7075－T6	0.76～2.54	>100：1～2：1
FTI		7075－T6 2024－T3	1.27～2.54	>100：1～2：1

13.3　压合衬套应用建议

1）冷膨胀安装完成后，衬套内表面有轻微的锥度，通常的后续工序是铰削至终孔尺寸以及去除残留润滑层。如果冷膨胀安装完成后，衬套内表面状态不影响零件后续工序，则可以不做铰削。

2）压合衬套冷膨胀安装前，与零件基孔是间隙配合，推荐基孔只去毛刺、不倒角。

3）衬套与零件的齐平度：拉枪侧，衬套端面低于零件表面 0~0.127 mm，另一侧衬套端面（衬套长度）按零件厚度容差确定齐平度。

4）安装完成后，孔边不应有明显的凸起和变形。

5）兼顾生产效率、经济性的考虑，飞机设计时按需确定压合衬套的应用范围、部位。

6）压合衬套也常用于外场飞机结构疲劳裂纹孔的修理。

关于压合衬套的重复（多次）安装。工程中有这样的需求：拆除衬套（比如由于磨损），更换同规格尺寸的衬套（孔壁无损伤，可以不铰孔/更换加大一级尺寸的衬套；或孔径增加受限）。Ransom（2013）关于压合衬套（forcemate bushing）的试验研究结果表明：

1）7075 铝合金耳片，多次安装（最多达 20 次）同一规格尺寸衬套（不锈钢衬套 BlueCoat 涂层，Al－Ni－B 衬套），疲劳试验结果表明，疲劳寿命无明显变化。

2）多次安装的衬套的保持力，较初次安装有下降；如果衬套的保持力是主要的关注项，仍然推荐标准的修理方法（换装加大一级尺寸的衬套）。

3）多次安装，有时也发现孔壁有损伤；孔壁有损伤的情况，仍然推荐标准的修理方法（换装加大一级尺寸的衬套）。

14

三种疲劳寿命增益技术对比以及应用建议

本章简要对比论述干涉配合、开缝衬套冷挤压、压合衬套冷膨胀三种对紧固件孔/耳片孔的寿命增益技术的原理、一般设计要求与注意事项以及作者对疲劳寿命增益技术的应用建议。

14.1 三种疲劳寿命增益技术对比

开缝衬套、压合衬套，也统称冷膨胀工艺。

干涉配合、开缝衬套、压合衬套，三种对紧固件孔的寿命增益工艺，孔边残余应力状态见图 36，孔边残余应力分布见图 37 示意，详见张志贤等的《疲劳寿命增益孔边残余应力分析》。孔边疲劳应力(外载+残余应力)的变化见图 38。

三种对紧固件孔的寿命增益技术，对比见表 4。

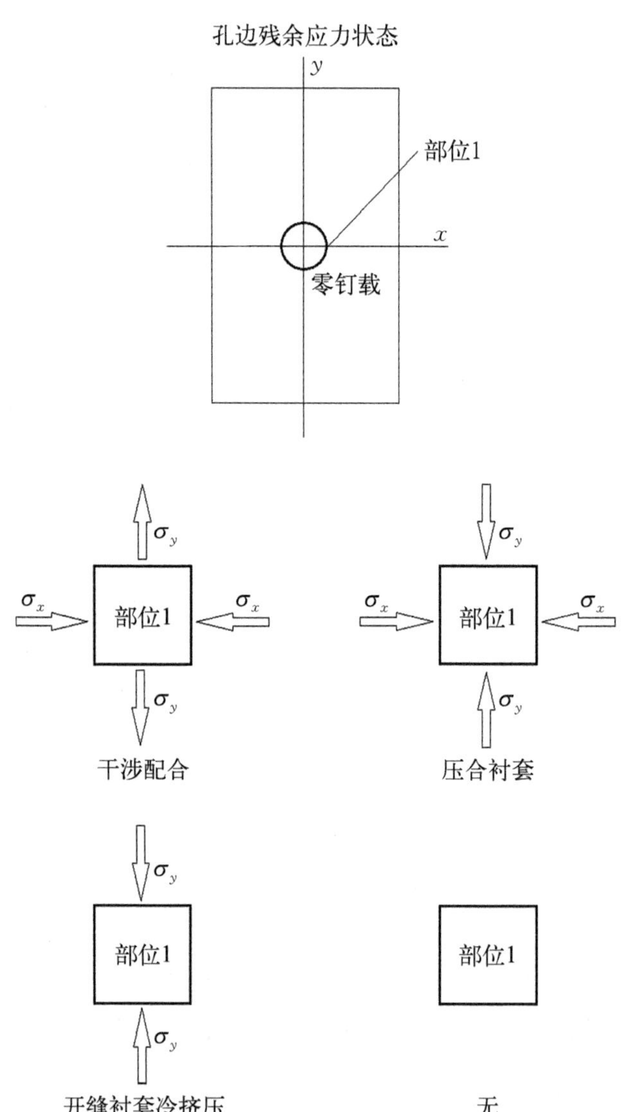

图 36　干涉配合、压合衬套、开缝衬套孔边残余应力状态示意

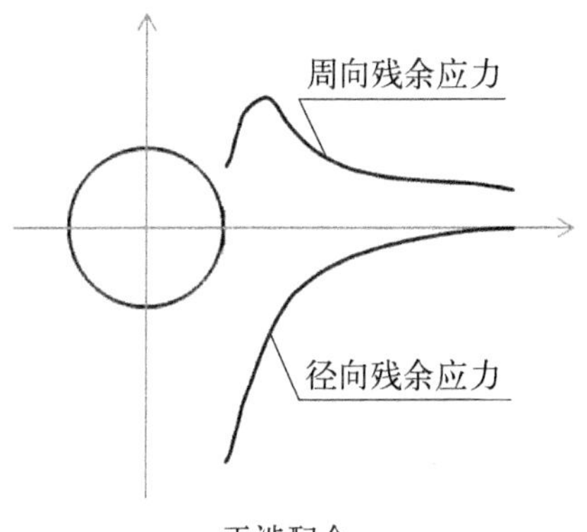

干涉配合

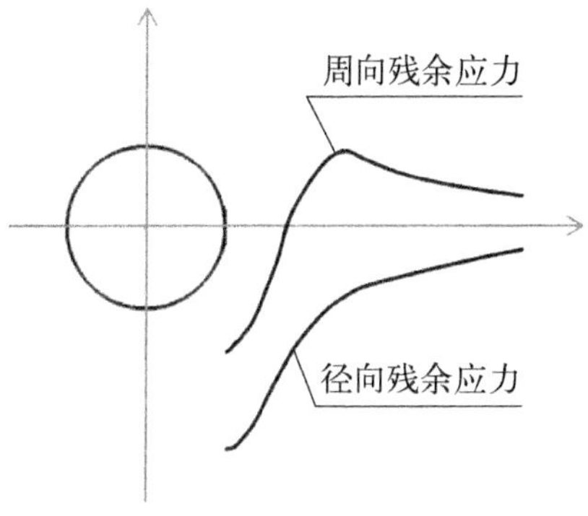

压合衬套

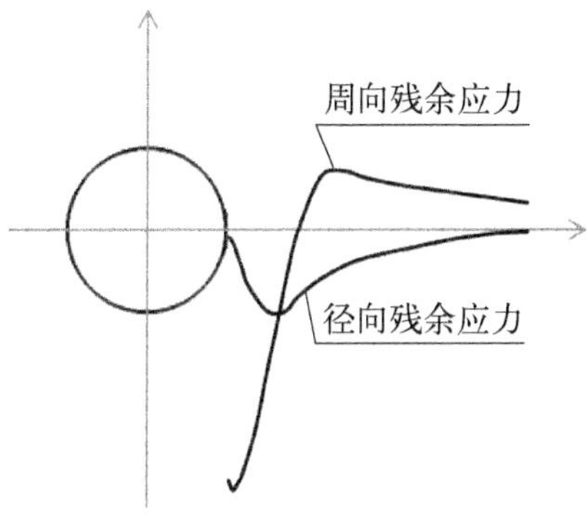

开缝衬套冷挤压

图 37 干涉配合、压合衬套、开缝衬套孔边残余应力分布示意

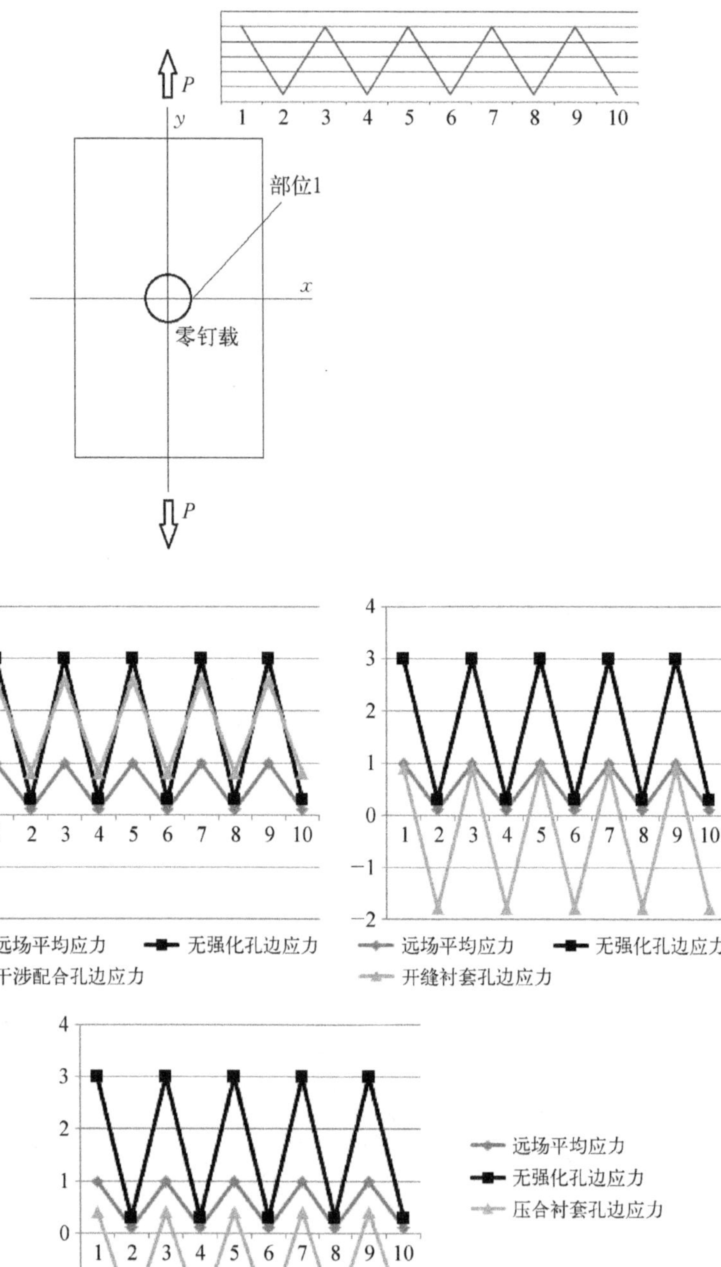

图 38　干涉配合、开缝衬套、压合衬套孔边疲劳应力示意

表 4 干涉配合、开缝衬套、压合衬套对比

	干涉配合	开缝衬套冷挤压	压合衬套冷膨胀	备　注
典型寿命（裂纹形成、裂纹扩展）增益	3.0∶1.0	3.5∶1.0	3.5∶1.0	工程具体情况，具体评估
寿命增益原理	降低孔边疲劳应力幅值	降低孔边疲劳应力均值及峰值，幅值不变	降低孔边疲劳应力幅值及峰值	
名义相对干涉量（冷膨胀量）定义	干涉量（螺栓直径减开始孔直径）与基体开始孔直径的百分比	总膨胀量（芯棒大径加 2 倍衬套壁厚减开始孔直径）与基体开始孔直径的百分比	1）总膨胀量（芯棒大径减衬套初始内径）与衬套初始内径的百分比； 2）总膨胀量（芯棒大径减衬套初始内径）与基体开始孔直径的百分比	1）开始孔直径：冷挤压（冷膨胀）开始时的基体孔直径； 2）相对干涉量定义，不同飞机公司（设计所），可能不同
典型干涉量	铝合金：0.4%～1.0%，或 0.01～0.05 mm	铝合金：4.0%； 钛合金：5.5%	常用金属：2.0%～6.0%（衬套内径膨胀量）	工程具体情况，具体评估
可否用于带裂纹孔	未见研究报告	可以	可以	工程具体情况，具体评估

续　表

	干涉配合	开缝衬套冷挤压	压合衬套冷膨胀	备　注
开始孔精度要求	高	精度要求可以低于干涉配合	精度要求可以低于干涉配合	
对孔壁造成损伤的可能性	1）较大； 2）螺栓装、拆困难	小	小	
外场紧固件孔修理推荐	慎用	推荐	推荐	工程具体情况，具体评估
飞机结构强度设计推荐	1）主要用于铝合金关键件； 2）不推荐用于钛合金、钢	推荐	推荐（典型应用，耳片孔）	1）用于有寿命增益需求的重要件、关键件； 2）复合材料件（小干涉量）慎用

14.2　疲劳寿命增益技术应用建议

应用疲劳寿命增益技术，设计师/工程师应该具备的知识，简要论述如下。

作为设计措施的疲劳寿命增益技术主要用于疲劳关键部位/区域，作为修理措施的疲劳寿命增益技术主要用于外场飞机的预防性修理或裂纹问题的处置。

设计师/工程师应该了解疲劳强化技术常用的、安全的、有显著寿命增益的设计/工艺参数范围，视具体情况补充最小量的分析或/和试验验证，不需要特地去研究、追求最优工艺参数。

开缝衬套冷挤压，技术成熟，应用广泛。

压合衬套冷膨胀，主要用于耳片孔。相对冷缩装配衬套，保留了衬套功能，并对耳片孔有更显著的寿命增益、更好的防微动磨蚀及防腐性能，装配效率及经济性也更有优势。压合衬套冷还用于紧固件孔的修理。

喷丸强化，用于高应力梯度部位；比较光滑、受拉的零件，喷丸寿命增益很小或无增益；由于可达性方面的限制，不用于小直径孔和小半径圆角，不用于滚制螺纹；疲劳应力比 $R=0$ 较 $R=-1$ 喷丸寿命增益更有效；高硬度值材料较软一些的材料，喷丸寿命增益更有效；高强钢零件，比如材料强度 1 380 MPa 以上的钢零件，除与其他零件有配合要求的配合面等区域外，推荐应用喷丸强化；后续要做镀铬或热喷涂（厚度超过 0.025 4 mm）的合金钢、不锈钢、钛合金零件,推荐应用喷丸强化;后续要做硬质阳极化(hard anodized)的铝合金零件,推荐应用喷丸强化。

喷丸区域有孔的零件,应用喷丸工艺应小心。后续要冷挤压的孔,不允许喷丸;孔直径大于等于 13 mm、零件厚度不超过直径,所有表面可喷丸;铝合金零件,直径小于 13 mm 的孔,喷丸可能导致孔疲劳寿命降低。波音的经验表明,孔壁不完整的喷丸,会带来潜在的疲劳问题,详见参考文献 *Fatigue Considerations in the Development and Implementation of Mechanical Joining Processes for Commercial Airplane Structure* (Jochum et al.,2020)。孔的疲劳强化推荐应用开缝衬套冷挤压或压合衬套冷膨胀。

近年来开始应用的激光喷丸技术,美国空军已用于 F-35 外场飞机不满足寿命要求(全机疲劳试验中发现的)的疲劳关键部位的处置,中国西安天瑞达公司已经在为美国通用电气公司(GE)的批产燃气轮机叶片做出厂前的激光喷丸强化。

所有的疲劳寿命增益技术,基本原理主要都是利用残余压应力的有利影响。设计师/工程师应该记住,残余应力总是拉、压同时存在的,不要忘记评估残余拉应力的不利影响。

关于残余应力松弛,近 50 年来,学术界和工业部门做了大量的研究,但尚未有确切的解释和分析模型。鉴于一些不确定性,有的机构、条例和设计规范,都从保守角度建议,设计分析不考虑残余应力的有利影响,假定残余应力不存在,设计的零件必须满足要求的寿命和可靠性目标。详见参考文献 *A Literature Survey on the Stability and Significance of Residual Stresses During Fatigue* (McClung,2006)。

综上所述,并参考一些飞机公司(设计所)的设计实践,作者关于应用疲劳寿命增益技术的建议是:除开缝衬套冷挤压、压合衬套冷膨胀以及高强钢零件喷丸外,初始设计不采用其他疲劳寿命增益技术;综合分析必要性、经济性后,初始设计按需采用疲劳寿命增益技术;在初始设计分析中不考虑疲劳强化工艺的寿命增益;全机疲劳试验或/和服役中发现不满足寿命要求的结构疲劳薄弱部位,推荐在适当时机的预防性修理措施中应用疲劳强化技术。作者上述建议,主要是从设计思想(design philosophy)角度的建议,也有经济性方面的考虑。

关于外场疲劳有关的紧固件孔修理,作者建议如下:

1)出现裂纹(或工程可检裂纹)之前的预防性修理,优先考虑开缝衬套冷挤压。对于厚的多层零件连接结构、不得已要用两个(或多个)开缝衬套的情况,注意事项见 FTI 等公司的规范。即使之前(飞机装配阶段)做过冷挤压,还可再次做冷挤压,并可获得进一步的寿命增益,详见参考文献 *Sustaining an Aging Aircraft Fleet with Practical Life Enhancement Methods* (Reid, 2001)。

2)即使查出紧固件孔小裂纹,也可考虑不铰孔去除裂纹,做开缝衬套冷挤压。Reid(2001)的报告 *Sustaining an Aging Aircraft Fleet with Practical Life Enhancement Methods* 中有含 1.25 mm 裂纹的积极的试验结果;参考文献 *Fatigue Life Improvement by Cold Working Fastener Holes in 7050 Aluminum* (Ozelton et al.,1986)的试验结果表明:预制裂纹 0.5 mm 的孔,冷挤压后寿命可以达到无裂纹、无冷挤压的状态,甚至更好;预

制裂纹 0.5~2.0 mm的孔，冷挤压较无冷挤压，寿命也有明显增益。有裂纹的紧固件孔，是否需要去除裂纹以后再做开缝衬套冷挤压，需要设计师/工程师综合分析裂纹尺寸、孔径、边距或/和间距、可选紧固件规格、修理后期望寿命等具体情况后决定。

3）对于裂纹较长、需要铰孔去除裂纹的情况，做压合衬套修理。关于多层/多压合衬套的应用，Reid(2001)图示了三层/三压合衬套(同时安装，衬套外径可以不同)的应用示意。多层/多压合衬套的应用经验及成熟度不如多层/多开缝衬套，设计师/工程师应做必要的研发试验。

15

耳片设计

耳片类连接通常都是重要的集中连接,通常都是重要件、关键件。本章简要论述耳片的一般设计要求及其注意事项。

耳片连接的静力、疲劳设计注意事项及说明和建议如下:

1) 虽然耳片连接的螺栓通常可更换,但耳片连接的螺栓强度要足够强。足够强的螺栓,刚度好,有利于耳片孔的挤压载荷分布,有利于耳片孔的疲劳性能。

2) 宽的薄耳片,对螺栓有利,对耳片不利(耳片应力集中严重),应避免。

3) 窄的厚耳片,对耳片有利,对螺栓弯曲不利,可接受。

4) 通常,e(边距)/D(孔直径)不应小于 0.8;t(厚度)/D 应大于 0.3。

5) 耳片剖面形状与疲劳性能,一组试验结果见图 39,详见参考文献 *Tips on Fatigue*(Bureau of Naval Weapons,1963)。

6) 压合衬套可以显著提高耳片的疲劳性能、微动磨蚀性能。视情做必要的分析评估和工艺试验,通常可以取 2.0%(甚至更大)的冷膨胀量,可以获得很显著的疲劳寿命(裂纹形成和裂纹扩展)增益。

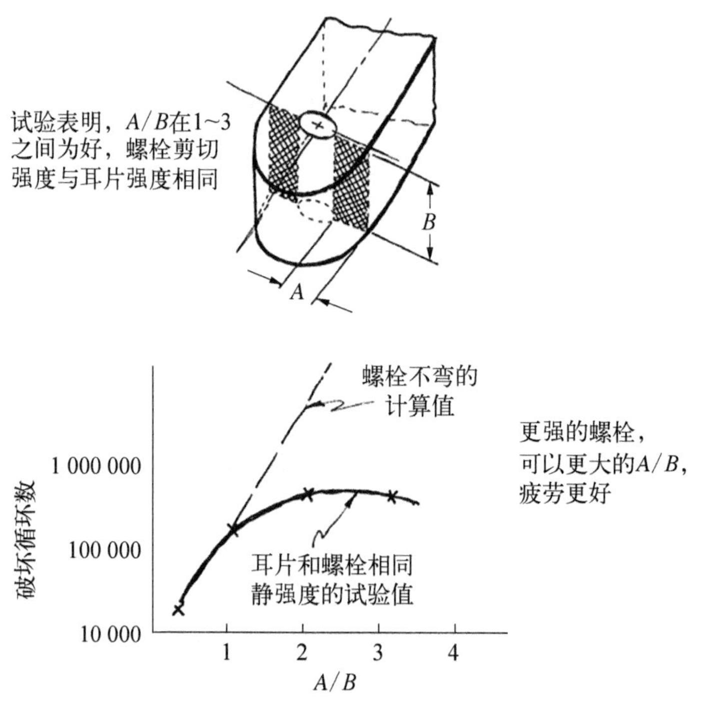

图 39　耳片截面形状与疲劳性能

资料来源：*Tips on Fatigue*(Bureau of Naval Weapons,1963)

16

止裂孔应用注意事项

止裂孔是常见的临时处理裂纹问题的措施之一。本章简要论述止裂孔的一般要求及其注意事项。

16.1 一般要求和建议

不要被“止裂孔”名称误导，止裂孔并不能止裂，但可延缓裂纹的扩展。

止裂孔可作为临时的修理措施；处置措施如果仅仅是制止裂孔，通常还会在止裂孔边继续起裂。止裂孔通常是和加强板(patch)补强(修理)一起实施。

早期的修理手册推荐的止裂孔直径较小，2~3 mm；现在倾向于较大的止裂孔直径，4~6 mm。

钻止裂孔前，裂纹尖端的定位很重要。

一种典型的制止裂孔方法：在裂纹尖端前约 2 mm 处，钻直径 4~6 mm 的止裂孔，无损检测(高频涡流等)检查无裂纹后，铰孔至下一级紧固件孔直径。

制止裂孔后的去毛刺、表面处理很重要。

制止裂孔后,也可进一步填充铆钉或安装压合衬套。

以上关于止裂孔制备的建议,参考了一些设计资料(山东太古飞机工程有限公司的《飞机结构修理设计经验汇编》等)以及牛春匀教授回复作者请教的Email。

16.2 一种"止裂孔+冷挤压"

WCI推荐的一种"止裂孔+冷挤压",见图40。

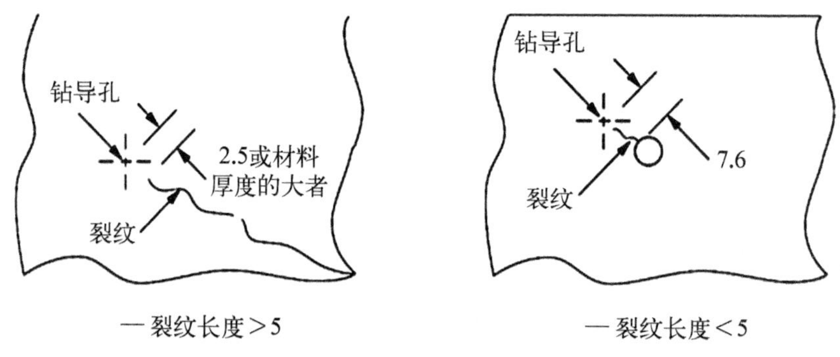

图40 止裂孔位置(WCI)

止裂孔终孔直径:

1) 终孔直径4.76 mm,材料厚度≤4.76 mm;

2) 终孔直径6.35 mm,材料厚度>4.76 mm。

"止裂孔+冷挤压"步骤如下:

1) 用经批准的无损检测方法,确定裂纹尖端位置,用工具库里的工具钻导孔。孔的垂直度≤2°。

2）用工具库里的初始孔铰刀，对导孔铰至初始孔。

3）用通止塞规检查初始孔（如果孔尺寸超大，用加大一级的工具重新制孔）。

4）用经批准的无损检测方法检查孔，确认在裂纹起始相对的孔边没有裂纹。如果有裂纹，铰至加大一级孔径，重复上述步骤。

5）清洁孔，去除切屑液残留。将要冷挤压的孔无任何多余物或残留。

6）冷挤压孔（开缝衬套的缝朝向裂纹起点）。

7）用工具库里的合适的终孔铰刀，铰孔。注意，铆钉和干涉配合螺栓用不同的铰刀。

8）安装合适的紧固件。

17

连接的端头效应

连接板、加强板是飞机结构连接设计常见的零件。连接板、加强板的作用与特点不一样。本章简要论述连接板、加强板的传载原理、一般设计要求及其注意事项。

连接板、加强板的作用与特点不一样。牛春匀的《实用飞机结构工程设计》(2008)和 *Aluminum Airframe Repairs—Short Course*(2007)对此有很好的描述。连接板的功能是连接(joint),是用来传递载荷的,不宜过长;加强板是用来分担载荷的,是加强件(reinforcement),通常比连接板长。

连接板、加强板的内力分布见图 41(详见《实用飞机结构工程设计》)。

连接的端头效应见图 42、图 43。图中位于端头的紧固件孔是疲劳危险孔,其钉传载荷与板内力都是最大。

设计师/工程师知晓和理解连接的内力分布以及端头效应,对做好设计是非常有帮助的。

减小端头效应的常用设计措施有:

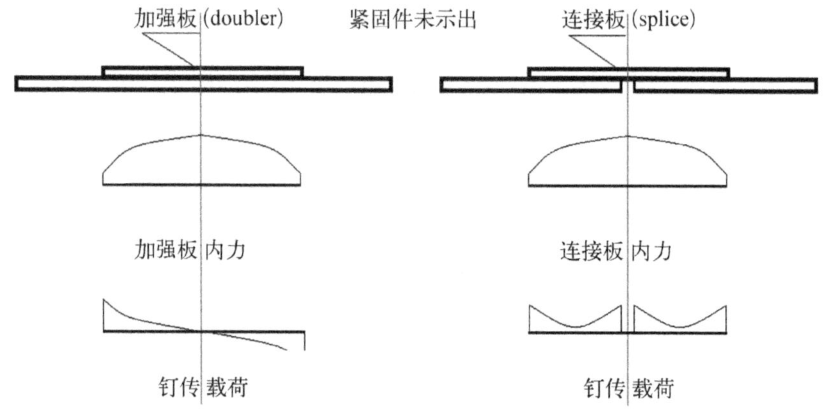

图 41　连接板、加强板、紧固件的内力分布

资料来源：《实用飞机结构工程设计》(牛春匀,2008)

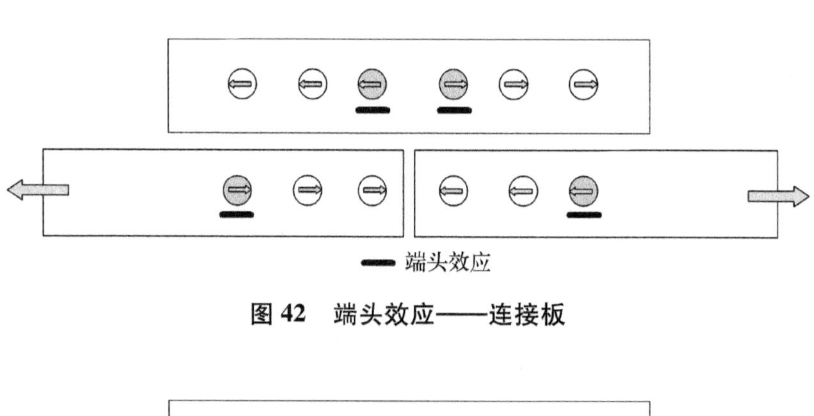

图 42　端头效应——连接板

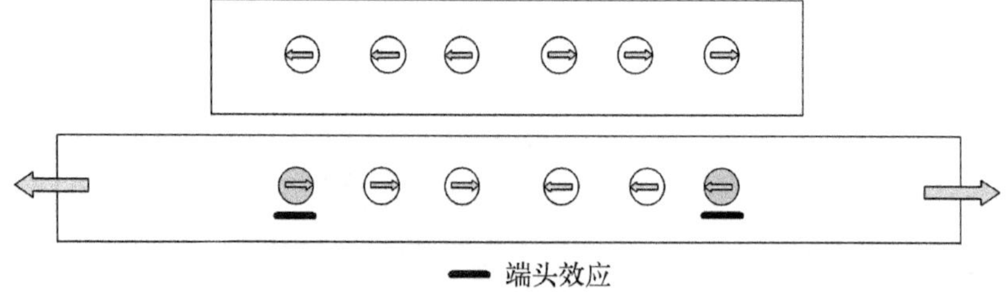

图 43　端头效应——加强板

1）减小连接板、加强板端头区域的厚度、宽度；

2）减小端头紧固件的直径或刚度。

图 44 示意了对称搭接钉传载荷相同情况下的端头效应，详见参考文献《结构与材料的疲劳（第 2 版）》（亚伯·斯海维，2014）。

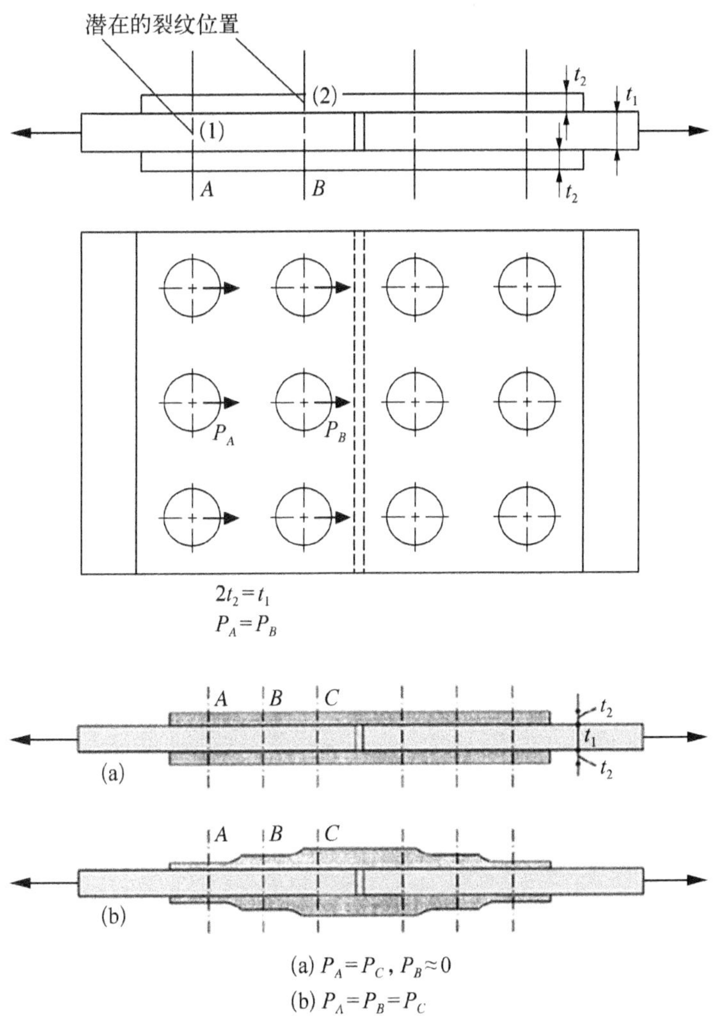

图 44　钉传载荷相同情况下的端头效应

资料来源：《结构与材料的疲劳（第 2 版）》（亚伯·斯海维，2014）

18

间隙与加垫注意事项

CATIA 可做出“完美装配”的飞机结构，但实际结构装配的间隙与加垫是不可避免的。飞机结构设计中的间隙与加垫，容易被忽视。本章简要论述间隙与加垫的一般设计要求及其注意事项。

不符合设计规范、工艺规范的强迫装配，由此产生的装配应力，容易导致过早的疲劳开裂，必须杜绝。

不同飞机公司(设计所)的设计规范、工艺规范对最大允许不加垫间隙值的规定不一样。除了规范一般的规定以外，工程具体情况，要具体评估和规定。

不要求加垫的间隙，应尽量小，通常应用密封胶填充。可供参考的一些典型的间隙与加垫要求：

1) 没有复材件的连接，最大允许不加垫间隙 0.25 mm；

2) 有复材件的连接，最大允许不加垫间隙 0.125 mm；

3) 油箱区最大允许不加垫间隙 0.125 mm。

《实用飞机结构应力分析及尺寸设计》(牛春匀，2010)中的推荐是：

1）连接厚度≥7.6 mm 的“重结构”，最大允许间隙 0.076 mm；

2）连接厚度<7.6 mm 的“重结构”，最大允许间隙 0.15 mm；

3）短、刚度好的“轻结构”，最大允许间隙 0.25 mm；

4）如蒙皮和长桁，轻的“弹性结构”，最大允许间隙 0.5 mm。

螺栓连接的加垫，最大垫片厚度：25%D（受剪为主的螺栓连接）或 15%D（强度裕度小的受剪连接）。

19

系统安装支架设计

系统安装支架设计,有的飞机公司(设计所)是由系统专业负责,有的飞机公司(设计所)是由机体结构强度专业负责。本章简要论述系统支架安装设计一般建议和检查注意事项。

19.1 系统支架安装设计一般建议

系统支架安装设计的一般说明和建议如下:

1) 优先考虑系统支架安装于缘条或筋条,尽量利用已有的紧固件孔。如果需要新开紧固件孔,新开的紧固件孔最小边距 $2D$。考虑系统载荷,检查缘条或筋条的强度以及新开紧固件孔后的耐久性和损伤容限。

2) 对于载荷不大的情况,可以考虑胶接安装角片和支架。考虑热和振动,检查胶接强度。

3) 对于在腹板上安装系统支架的情况,每个系统通孔的卫星孔最多 2 个。检查卫星孔的耐久性和损伤容限。主结构上避免过大的或大间隙配合的卫星孔。卫星孔边距（卫星孔中心距系统通孔边）推荐≥3*D*（卫星孔直径），卫星孔间最小间距 4*D*。避免沉头窝卫星孔。卫星孔布置应使得卫星孔和系统通孔的复合应力集中最小。需要时对卫星孔做冷挤压。

4）与结构连接的紧固件不应采用全螺纹连接件，应避免螺纹进入连接零件孔内。

19.2 系统安装设计的强度检查

系统安装设计，分别检查：

1）系统固有频率；

2）用振动、炮击、冲击的当量载荷检查静强度；

3）需要时用燃油晃振载荷检查静强度。

振动、炮击、冲击动载荷转换为当量静载荷，用当量静载荷做静强度检查，如果强度裕量为正，可以不再要求做疲劳分析。

20

耐久性和损伤容限设计检查清单

本章是耐久性和损伤容限设计检查清单，是定性的检查项，具体定量的规定或建议，则是飞机公司（设计所）耐久性和损伤容限设计手册或指南的内容。

耐久性和损伤容限设计检查项，是中外飞机公司（设计所）设计实践、经验教训的总结及传承，按耐久性和损伤容限设计检查清单检查设计/分析工作，是实现良好设计的重要的第一步，可以大幅度避免不良设计。偏离检查清单对应的设计要求/准则的设计，必须作为关注项，做进一步的工程判断、权衡研究及深入的细节设计/分析。

不管是否被定义为“耐久性关键件”，全部结构零件或主结构零件都应按耐久性设计要求设计。

检查清单分为七类共 49 项，主要参考《实用飞机结构工程设计》（牛春匀，2008）、《关键件疲劳断裂品质检查》（董江等，2013）、《飞机数模审签检查项》（成都飞机设计研究所，2020）、《耐久性损伤容限设计检查清单》（张立新等，2021）。

20.1　材料、无损检测

1）材料，材料类型，热处理；

2）原材料及零件无损检测；

3）晶粒方向定义（L——长度或主变形方向；T 或 LT——宽度或最小变形方向；S 或 ST——厚度或第三正交方向）；

4）表面粗糙度，表面处理、电化学腐蚀隔离等腐蚀防护措施。

20.2　载荷、传力

5）检查传力路线；

6）避免偏心；

7）尽可能避免接头区（连接区）偏心加载，主要载荷作用线尽可能通过同一点；

8）单传力或多路径传力；

9）是否有附加载荷；

10）不同热膨胀系数材料引入的载荷。

20.3　几何、应力集中

11）避免或减缓应力集中和不连续；

12）截面逐渐变化；

13）是否有复合应力集中；

14）零件的剖视检查（3D 数模不易发现甚至掩盖不良设计）；

15）圆角/底角/转角半径是否合适；

16）锪平及圆角半径；

17）非圆大开口形状、方向；

18）耳片形状（边距，厚度/孔直径比）；

19）腹板孔位置是否不利；

20）腹板孔、凸台，凸台上紧固件孔；

21）零件疲劳关键区边缘的倒圆或倒角。

20.4 紧固件、紧固件孔

22）紧固件间距、边距；

23）紧固件直径/连接厚度比；

24）紧固件孔制备，去毛刺，倒角（按需）；

25）沉头紧固件孔，锪窝深度/厚度比，沉头窝和孔交界处倒角；

26）避免使用小直径螺栓，容易弯；

27）高锁螺栓（指 Hi-lok、Hi-lit 类螺栓）不是默认用于干涉配合；

28）用于钛合金、钢的连接件，慎用或不用干涉配合；

29）螺母防松；

30）螺母开口销防松，不用于受拉为主的螺栓；

31）螺栓预紧力，拧紧力矩；

32）有无不合适的夹紧；

33）相邻区域（结构），不要混合使用不同配合精度的紧固件；

34）同一区域，不要混合使用螺栓、铆钉；

35）连接板，避免单排紧固件，对接处连接板厚度大于等于被连接件厚度；

36）铆接托板螺母小铆钉孔排列方向；

37）加强板、连接板的端头效应；

38）连接的剖视检查（3D 数模不易发现甚至掩盖不良设计）；

39）与系统连接的检查（螺纹有无进入被连接结构等）。

20.5 装配

40）评估装配应力；

41）装配补偿，间隙与加垫，垫片厚度；

42）圆角垫片（radius blocks，按需）。

20.6 寿命增益措施

43）寿命增益措施（按需）；

44）是否在7050等铝合金板材ST方向冷膨胀。

20.7　其他

45）估计变形；

46）识别薄弱部位；

47）对新材料、新工艺的了解程度；

48）可能疲劳开裂部位的可检、可达情况，可修理、可更换情况；

49）运动/微动零件的表面处理（微动磨蚀）。

21

全机静力试验与全机疲劳试验

全机静力试验与全机疲劳试验是机体结构强度专业最大型的两项试验。本章简要论述全机静力试验与全机疲劳试验的一般设计要求及其注意事项以及产生疲劳裂纹的原因分类建议。

21.1 全机静力试验

全机静力试验,规范有明确要求,欧美、中国的不同飞机公司(设计所)做法基本相同。

全机静力试验,在飞机首飞前开始,通常一两年内完成所有载荷工况的限制载荷试验和选定工况的极限载荷试验。

关于全机静力试验的说明和建议如下:

1) 限制载荷试验,选择尽量多的载荷工况。

2) 极限载荷试验,选择关键的、有代表性的载荷工况,工况不宜多。

3）正常设计、正确设计的长寿命飞机机体，结构承载能力（破坏载荷）应超出极限载荷很多，这一点在原理上可解释；除了损伤容限试验之后的剩余强度试验，近代鲜见有在静力试验机上做全机结构承载能力试验（破坏试验）的。

4）记录限制载荷下关注构件的变形，分析证明满足结构变形要求以及飞行使用中舱门的功能要求。

5）对比分析应变片测量数据和有限元分析应变，确认有限元模型，验证结构分析方法。

6）综合有限元分析数据、环境条件下典型件试验数据、全机试验数据和飞行试验数据等，分析外推，以评估湿、热等环境影响。

21.2 全机疲劳试验

完整的全机疲劳试验包括全机耐久性试验、损伤容限试验、剩余强度试验和拆毁检查。

全机疲劳试验，规范有要求；不同类型飞机，规范要求不一样。具体做法上，军机、商用飞机不一样，战斗机、运输机不一样。

欧美、中国的不同飞机公司（设计所），全机疲劳试验做法不尽相同。

关于无人机全机疲劳试验的文献很少。美国国家航空研究所（National Institute for Aviation Research，NIAR）在 2017～2019 年做了 MQ－9A Reaper 无人机全机疲劳试验。

关于全机疲劳试验的说明和建议如下：

全机疲劳试验最主要目的是，确定之前没有被分析识别出来的机体疲劳关键部位或薄弱部位。全机疲劳试验目的还有：验证结构在试验载荷谱下的疲劳寿命，验证寿命分析方法，验证修理方法，获取关键部位的裂纹扩展数据，为机群的检查要求和检查间隔提供依据等。

相对于全机静力试验，全机疲劳试验风险大，持续时间长（通常持续数年时间，甚至十年以上），很少有飞机的全机疲劳试验是“顺利”完成的。

EF－2000战斗机单座全机疲劳试验，是比较典型的并且比较“顺利”完成的全机疲劳试验。128个部位出现了疲劳损伤，所有的疲劳裂纹都是意外的和追溯分析可解释的。从分析角度看，试验中出现的疲劳损伤部位，大部分没在设计过程中被识别。未被识别的原因是：应力分析不够充分，不足够细节，或有限元模型不够精确，或其他原因；另有相当一部分肯定属于“错误的细节设计”或“装配引入”。详见参考文献 *Eurofighter a Safe Life Aircraft in the Age of Damage Tolerance*（Dilger et al.，2007）。

全机疲劳试验持续时间长，试验过程中的结构检查、损伤修理等，会涉及翼身脱开、发动机（假件）脱开等，试验台架的设计、布置，务必要考虑这一需求。

为尽早暴露机体结构疲劳薄弱部位，尽快在生产线上实施设计改进，早一些安排全机疲劳试验是非常有益的。规范对全机疲劳试验进度要求是：在决定批生产前，完成一倍设计使用寿命期的耐久性试验和全面检查；在交付第一架批生产型飞机前，完成两倍设计使用寿命期的试验和全面检查。规范对进度的要求是合理的，但欧美以及中国的军机很少有做到的。

关于疲劳载荷谱，本书不讨论耐久性谱与损伤容限谱，或严重谱与平均谱，也不深入讨论设计谱与实测谱。20 世纪八九十年代，中国战斗机航空疲劳定寿时期，西安飞机强度研究所薛景川研究员对作者说过，全机疲劳试验的载荷谱，要能使得全机疲劳试验产生的裂纹部位，符合飞机外场服役出现的裂纹情况。

对疲劳载荷谱的一般说明和建议如下。

用于新机设计的疲劳载荷谱，为尽可能地符合、覆盖未来一段时间的预期使用用途，设计用的疲劳载荷谱，可以适度“重”一些。

为尽早在全机疲劳试验中暴露机体结构疲劳薄弱部位，尽快在生产线上实施设计改进，试验用的疲劳载荷谱，可以再适度“重”一些。

前面两处提到的载荷谱的适度“重”，何为适度，除了严重谱，行业无其他推荐，欧美、中国不同飞机公司（设计所）的做法也不尽相同。在全机疲劳试验过程中，随着疲劳薄弱部位的暴露，应及时安排模拟这些起裂部位（模拟几何以及模拟应力/应力梯度）的试验件的疲劳对比试验：原结构与改进设计结构对比，载荷谱严重程度（试验谱与部队服役情况）对比。

如果飞机载荷的预测方法，已经被飞行试验（实测）证实可靠，全机疲劳试验就不用纠结用设计谱还是用实测谱。欧美、中国的战斗机全机疲劳试验，至少第一架（F－16 累计做过 3 架全机疲劳试验）全机疲劳试验，用的是设计载荷谱。

战斗机服役后，随着飞机能力提升，疲劳载荷谱严重程度通常是逐步递增的，没有一劳永逸的实测载荷谱。现代飞机丰富的机载数据包括了反映飞机服役情况的很多参数，可以用于建立"飞参-载荷"模型。飞机公司（设计所）应视情更新疲劳载荷谱，比如每5年更新一次。

不应简单地认为全机疲劳试验可以验证机体结构的疲劳寿命。机群的、单机的服役寿命评估和管理以及结构完整性的保障，是飞机公司（设计所）和部队用户共同的长期任务，美军标、中国军标已有比较明确的规定。

关于无损检测与裂纹的发现。欧美、中国的全机疲劳试验，尤其是战斗机疲劳试验，都有这样的现象：几乎所有的疲劳裂纹都是意外的、是追溯分析可解释的，详见参考文献 *Eurofighter a Safe Life Aircraft in the Age of Damage Tolerance*（Dilger et al., 2007）。及时发现疲劳裂纹，对全机疲劳试验的进行，非常重要。试验室的元件试验，如果没有紧固件头或螺母或铆钉墩头遮挡，可以及时、较早地发现较小的裂纹，比如说小于 1.0 mm 的孔边角裂纹。全机疲劳试验，要及时、较早地发现 1.0 mm 左右的裂纹，是很困难的事，对无损检测设备和人员的要求都很高。全机疲劳试验，更看重的是不会漏检的最大裂纹尺寸，胜过最小可检测缺陷（裂纹）尺寸，详见参考文献 *Some Experiences from 32 Years of ICAF Attendance and Some Thoughts for the Future*（Blom, 2017）。

为尽可能早地发现裂纹，建议如下：

1）根据有限元计算结果，布置应变片；全机疲劳试验过程中，跟踪同一疲劳载荷工况应变片的变化情况。

2）如果发现应变片数据有异常（数据量很大，应由程序自动分析、预警），排除应变片和/或粘贴的问题以后，对应变片相关部位、应变片邻近部位和零件进行详细目视检查和无损检测。应变片的数据异常，也可能是邻近零件的裂纹导致的。

3）涡流、渗透都是很有效的检测孔边裂纹或表面裂纹的无损检测方法，渗透更可直观地看出裂纹。但在裂纹闭合情况下，渗透很难查出较小的裂纹。因此，在疲劳机保持加载（静载）的情况下做渗透检查，是一种很好的选择。

21.3 几型飞机寿命设计与全机疲劳试验

不同飞机公司（设计所），全机疲劳试验做法不尽相同。

商用运输类飞机，波音和麦道的机型，或波音各机型，全机疲劳试验持续时间不尽相同，一般是设计使用寿命的 2 倍或 3 倍，甚至更多；3 倍以上持续时间的情况通常是在满足条例要求后的进一步试验，旨在获取更多的裂纹扩展数据以及研究和确认广布疲劳损伤的分析方法。详见参考文献 *Forty Years of Structural Durability and Damage Tolerance at Boeing Commercial Airplanes*（Chisholm et al.,2016）。

几型战斗机寿命设计及全机疲劳试验见表 5［详见参考文献 *Eurofighter a Safe Life Aircraft in the Age of Damage Tolerance*（Dilger et al., 2007）、*J－10 Fighter Full Scale Durability and Damage Tolerance Tests and Sustainment ASIP*（Wang,2021），以及 *Examination of Durability and Damage Tolerance Design Criteria*（Ball, 2012）］，表中初始缺陷尺寸指金属结构孔边角裂纹尺寸，FH——flight hour，L——life time。

表 5 几型飞机寿命设计及全机疲劳试验

飞 机	原型机首飞时间	寿命要求（工程制造阶段）	疲劳设计	耐久性设计	损伤容限设计	全机疲劳试验	其 他
F－16（美国）	1976.12	8 000 FH		0.127 mm～功能性损伤，2L	1.27 mm～破坏，2L	2～3L	F－16 做过 3 架（A，C，Block50）全机疲劳试验及 1 架（C 后机身）疲劳试验
EF－2000（欧洲）	1994.3	6 000 FH（服役不检查）	S－N 曲线： 1）50%破坏概率和置信度； 2）低周部分，寿命分散系数 3； 3）高周部分，强度分散系数 1.4。		100%极限载荷，2L 80%极限载荷，3L	3L	EF－2000 单、双座都安排了全机疲劳试验 寿命增益措施（喷丸、冷膨胀孔）应用策略： 1）初始设计不采用； 2）用于鉴定试验破坏的结构
F－22（美国）	1997.9	8 000 FH		0.254 mm～功能性损伤，2L	1.27 mm～破坏，2L	2.67L	
J－10（中国）	1998.3	5 000 FH	裂纹形成，4L	0.127～0.8 mm，1L	1.27 mm～破坏，2L	3～4L	
F－35（美国）	2008.12	8 000 FH		0.254 mm～功能性损伤，2L（90%严重谱）	1.27 mm～破坏，2L（平均谱）	2～3L	F－35 A、B、C 三型都安排了全机疲劳试验 分析分散系数 1）损伤容限：2.0 2）耐久性：2.0 或 2.67 3）应力疲劳：4.0

21.4 产生疲劳裂纹的原因

为方便设计师/工程师分析、总结产生裂纹的原因，作者整理并建议的产生裂纹的原因分类见图 45。工程实践中，绝大多数结构疲劳裂纹是由其中的一项或多项因素导致的。

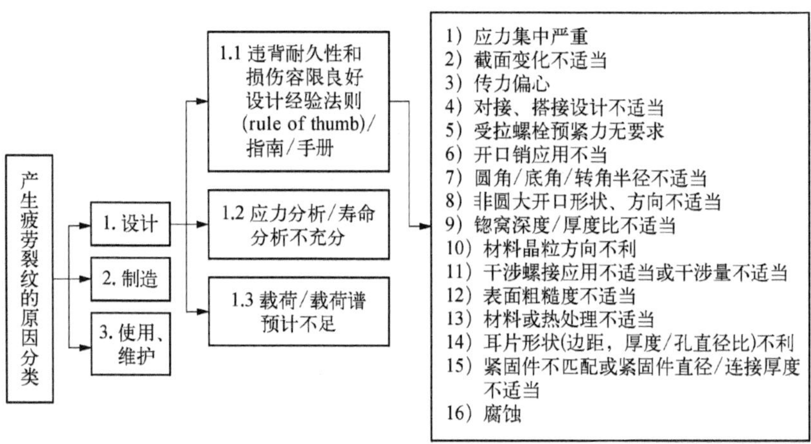

图 45　产生疲劳裂纹的原因分类

22

对制造厂的建议

如前所述，做成（设计、制造）飞机机体不难，难的是做成皮实、安全、耐久、损伤容限的飞机机体。

西北工业大学傅祥炯教授曾强调，寿命是设计出来的，寿命是制造出来的，寿命是使用维护出来的。

波音公司的经验是：耐久性和损伤容限设计，只能通过仔细彻底地关注细节设计、制造、维护和检查才能得以实现。详见 *Forty Years of Structural Durability and Damage Tolerance at Boeing Commercial Airplanes*（Chisholm et al.，2016）等文献。

从设计师/工程师角度，作者对制造厂最重要的两条建议和希望如下：

1）新机研制发图（详细设计），设计师/工程师肯定有不良设计，甚至还有设计错误。在科研批第一架、第二架试制过程中，工厂应尽可能地发现这些问题（至少要发现明显的与装配有关的设计错误），并及时向设计师/工程师反馈。

2）不符合设计规范、工艺规范的强迫装配，由此产生的装配应力，容易导致结构过早开裂，必须杜绝。

23

耐久性和损伤容限良好设计建议

本章简要论述作者关于耐久性和损伤容限良好设计的建议。

如前所述，机体结构的耐久性和损伤容限设计，只能通过仔细彻底地关注细节设计、制造、维护和检查才能得以实现。

参考飞机结构耐久性和损伤容限设计的一般经验法则，结合作者多年的工程设计实践和经验教训，提出如下耐久性和损伤容限良好设计建议。这些建议主要是针对结构强度设计/分析方面，未涉及材料选择以及零件表面处理等，也不包括制造和使用维护方面。

作者希望，一个比较成熟的设计师/工程师团队，在飞机研制阶段或工程制造阶段(Engineering & Manufacturing Development, EMD)，能够通过耐久性和损伤容限良好设计以及对全机疲劳试验等地面试验识别的薄弱部位的改进设计，解决掉飞机结构疲劳问题的95%。绝大多数的良好设计是有章可循的，好的设计一定也是重量付出小、结构轻。具体地，作者希望和建议：

1）具备基本的飞机结构强度、耐久性和损伤容限设计知识，让“遵循飞机结构设计手册、指南、经验法则”成为设计师/工程师的习惯。

2）通过方案设计阶段的设计/分析迭代和权衡研究，有了一个比较好的合理的飞机结构总体布置（layout），这是机体结构良好设计的重要基础。在初步设计、详细设计阶段，遵循飞机结构设计手册、指南、经验法则等，通过耐久性和损伤容限设计检查清单（详见第20章）、耐久性和损伤容限设计许用值法（参考波音“DFR——Detail Fatigue Rating”设计方法论，成都飞机设计研究所发展的设计方法）等，对全部承力结构进行工程设计检查/分析，在设计上解决掉飞机结构疲劳问题的55%，以使承力结构不在全机疲劳试验的前半程（耐久性试验阶段）出现裂纹。

3）在详细设计阶段，记住“发图五问”（详见第4章）；在通过耐久性和损伤容限设计许用值检查/分析的基础上，对主结构或关键件结构做进一步的细节设计/分析迭代以及必要的研制试验；对初步设计阶段疲劳裕量为正的部位，减重；对初步设计阶段疲劳裕量为负的部位，降低应力或/和降低应力集中以及视情应用疲劳寿命增益工艺，但要避免不必要的重量付出、成本付出。在详细设计阶段进一步解决掉飞机结构疲劳问题的30%。

4）在全机疲劳试验等地面验证试验阶段，对那些之前没有被分析识别出来的机体薄弱部位，改进设计，在设计上再进一步解决掉飞机结构疲劳问题的10%。

飞机全寿命期服役中，一定还会出现之前设计/分析、地面试验尚未识别的其他结构疲劳问题。这些服役中暴露的结构薄弱部位，要么是因为不能在地面试验比较充分验证（比如进气道有关结构等），要么是服役使用环境有较大的变化。希望这些问题是最小量的 5%的问题。这些问题将通过部队结构维护大纲规定的修理或结构升级来解决，同时对这些问题做设计改进并应用于生产线上新结构。

上述 5%、10%、30%、55%和 95%的数值，只是一个比喻和作者希望达到的目标，与统计学无关。

参 考 文 献

《飞机设计手册》总编委会，王宝忠，2000.飞机设计手册 第 10 册：结构设计[M].北京：航空工业出版社.

成都飞机设计研究所，2020.飞机数模审签检查项[R].成都：成都飞机设计研究所.

成都飞机设计研究所，2020.结构强度研讨会资料[C].成都：成都飞机设计研究所.

董江，钟贵勇，兑红娜，等，2013.关键件疲劳断裂品质检查[R].成都：成都飞机设计研究所.

国防科学技术工业委员会，1989.军用飞机结构完整性大纲 飞机要求[S]. GJB 775.1－89.

航空工业部科学技术委员会，1990.应力集中系数手册[M].北京：高等教育出版社.

航空技术研究院，1993.飞机结构抗疲劳断裂强化设计手册[M].北京：航空工业出版社.

蒋劲松，2021.重量变化的强度应对考虑[R].成都：成都飞机设计研究所.

牛春匀，2008.实用飞机结构工程设计[M].程小全，译.北京：航空工业出版社.

牛春匀,2010.实用飞机结构应力分析及尺寸设计[M].冯振宇,程小全,张纪奎,译.北京：航空工业出版社.

山东太古飞机工程有限公司,2017.飞机结构修理设计经验汇编[M].北京：航空工业出版社.

王正,1989.近代飞机耐久性设计技术[Z].北京：航空航天工业部科学技术研究院.

亚伯·斯海维,2014.结构与材料的疲劳[M].2 版.吴学仁,等译.北京：国防工业出版社.

姚卫星,顾怡,2016.飞机结构设计[M].北京：国防工业出版社.

张立新,潘建东,李黎,等,2021.耐久性损伤容限设计检查清单[R].成都：成都飞机设计研究所.

张立新,钟顺录,刘小冬,等,2020.先进战斗机强度设计技术发展与实践[J].航空学报,41(6)：102-128.

张志贤,王凡,肖冯,2021.疲劳寿命增益孔边残余应力分析[R].成都：成都飞机设计研究所.

中国人民解放军总装备部,2008.军用飞机结构强度规范 第 6 部分：重复载荷、耐久性和损伤容限[S].GJB 67.6A-2008.

Ball D L, 2012. Examination of durability and damage tolerance design criteria[R]. San Antonio: ASIP Conference.

Barrett R T, 1990. Fastener design manual[M]. NASA Reference Publication 1228.

Blom A, 2017. Some experiences from 32 years of ICAF attendance and some thoughts for the future[C]. Nagoya: 29th ICAF Symposium.

Bruhn E F, 1973. Analysis and design of flight vehicle structures

[M]. Cincinnati: Tri-State Offset Company.

Bureau of Naval Weapons, 1963. Tips on fatigue[R].

Campbell G S, Lahey R, 1984. A survey of serious aircraft accidents involving fatigue[J]. International Journal of Fatigue, 6(1): 25 – 30.

Chaturvedi M, 2021. Welding and joining of aerospace materials [M]. 2nd ed. Amsterdam: Elsevier.

Chisholm S A, Rufin A C, Chapman B D, et al., 2016. Forty years of structural durability and damage tolerance at Boeing commercial airplanes[R]. Boeing Technical Journal.

Dilger R, Hickethier H, Greenhalghb M D, 2007. Eurofighter a safe life aircraft in the age of damage tolerance[R]. First International Conference on Damage Tolerance on Aircraft Structures.

FAA AC 23 – 13A, 2005. Fatigue, fail-safe, and damage tolerance evaluation of metallic structure for normal, utility, acrobatic, and commuter category airplanes[S].

Fastenal Company[EB/OL]. https://www. fastenal. com[2022 – 3 – 16].

Fatigue Technology[EB/OL]. https://fatiguetech. com[2022 – 3 – 16].

Federal Aviation Administration. Lessons learned from civil aviation accidents[EB/OL]. https //lessonslearned. faa. gov/index. cfm [2022 – 3 – 16].

Grooteman F, Lee E, Jin S, et al., 2019. Ultimate load factor reduction[R]. San Antonio: Aircraft Structural Integrity Program

Conference.

Jochum R, Rufin A, Sisco T, et al., 2020. Fatigue considerations in the development and implementation of mechanical joining processes for commercial airplane structures [R] // Niepokolczycki A, Komorowski J. ICAF 2019 - Structural Integrity in the Age of Additive Manufacturing: 215-227.

Kim Y, Sheehy S, Lenhardt D, 2006. A Survey of aircraft structural-life management programs in the U. S. Navy, the Canadian Forces and the U.S. Air Force [M]. Santa Monica: Rand Corporation.

Perkins L, 2014. Jack was right! Dr. Lincoln, technology transition, and new materials & process challenges [R]. ASIP Conference.

Lincoln J W, 1987. Structural technology transition to new aircraft [R]. Ottawa: the 14th ICAF Symposium.

McClung R C, 2006. A literature survey on the stability and significance of residual stresses during fatigue [R]. https://doi: 10.1111/j.1460-2695.2007.01102.x.

Michael C Y Niu, 2002. Airframe structural design [M]. 2nd ed. Hong Kong: Conmilit Press Ltd.

Michael C Y Niu, 2005. Airframe stress analysis and sizing [M]. 2nd ed. Hong Kong: Conmilit Press Ltd.

Michael C Y Niu, 2007. Aluminum airframe repairs — Short course [R]. Chengdu.

Mills T, Pilarczyk R, Andrew D, et al., 2013. Modeling fatigue performance at cold worked fastener holes[R]. ASIP Conference.

Nicolai L M, Carichner G E, 2010. Fundamentals of aircraft and airship design[M]. Reston: AIAA Education Series.

North Atlantic Treaty Organization, 1977. Factors of safety — Historical development, state of the art and future outlook[R]. AGARD Report 661.

Ozelton M W, Coyle T G, 1986. Fatigue life improvement by cold working fastener holes in 7050 aluminum [R]. ASTM STP 927.

Potter J M, 1986. Fatigue in mechanically fastened composite and metallic joints[M]. ASTM STP 927.

Ransom J, Johnson T, Shultz M, 2013. Durability and damage tolerance evaluation of rivetless nut plates installed in short edge margin[R]. Presented at the ASIP.

Ransom J, 2013. Reinstallation of same size force mate bushing into a hole where bushing was removed [C]. Phoenix: The AHS 69th Annual Forum.

Reid L, 2013. Hole cold expansion in the presence of existing cracks[R]. ASIP Conference.

Reid L, 2001. Sustaining an aging aircraft fleet with practical life enhancement methods [R]. Manchester: Life Management Techniques for Ageing Air Vehicles.

Ross E, 2019. Edge margin effect on fatigue life of cold expanded holes[R]. Aircraft Structural Integrity Program Conference.

Schijve J, 2008. Fatigue of structures and materials [M].

Heidelberg: Springer.

Schumacher J, Zerner I, Neye G, et al., 2002. Laser beam welding of aircraft fuselage panels [R]. https://doi.org/10.2351/1.5066201.

Skorupa A, Skorupa M, 2012. Riveted lap joints in aircraft fuselage — Design, analysis and properties[M]. Heidelberg: Springer.

Tuegel E J, Bell R P, Berens A P, et al., 2013. Aircraft structural reliability and risk analysis handbook[Z]. AFRL - RQ - WP - TR - 2013 - 0132.

USAF, 1998. Aircraft structures — Joint service specification guide [S]. JSSG - 2006.

USAF, 2016. Aircraft structural integrity program (ASIP) [S]. MIL - STD - 1530D.

Wang Y J, 2021. J - 10 Fighter full scale durability and damage tolerance tests and sustainment ASIP[C]//Sun X S, Dong D K. A review of aeronautical fatigue and structural integrity research and application in China, June 2019 - May 2021. ICAF 2021: 143 - 151.

Watson G J, 1996. Eurofighter 2000 structural design criteria and design loading assumptions[R]. Florence: The 83rd Meeting of the AGARD SMP.

West Coast Industries [EB/OL]. https://coldwork.com [2022 - 3 - 16].